10kV配网不停电作业

培训教材 第一类、第二类

国网宁夏电力有限公司培训中心　组编

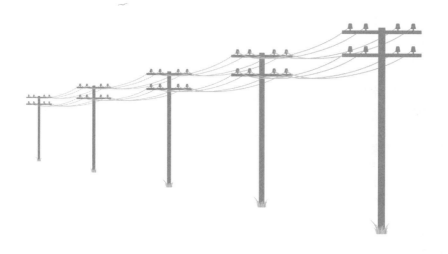

中国电力出版社

CHINA ELECTRIC POWER PRESS

图书在版编目（CIP）数据

10kV 配网不停电作业培训教材：第一类、第二类 / 国网宁夏电力有限公司培训中心组编 . —北京：中国电力出版社，2021.9（2022.1 重印）

ISBN 978-7-5198-5945-9

Ⅰ．①1⋯ Ⅱ．①国⋯ Ⅲ．①配电系统–带电作业–技术培训–教材 Ⅳ．①TM727

中国版本图书馆 CIP 数据核字（2021）第 175968 号

出版发行：中国电力出版社
地　　址：北京市东城区北京站西街 19 号（邮政编码 100005）
网　　址：http://www.cepp.sgcc.com.cn
责任编辑：雍志娟
责任校对：黄　蓓　常燕昆
装帧设计：郝晓燕
责任印制：石　雷

印　　刷：三河市万龙印装有限公司
版　　次：2021 年 9 月第一版
印　　次：2022 年 1 月北京第二次印刷
开　　本：787 毫米×1092 毫米　16 开本
印　　张：13
字　　数：294 千字
印　　数：2201—2700 册
定　　价：30.00 元

编 委 会

前　言

　　配网是服务社会经济发展、保障民生的重要组成部分，是能源互联网的重要基础之一，是供电服务的"最后一公里"，是人民群众对供电服务质量直观体验的"神经末梢"。随着我国经济社会的不断发展和人民生活水平的日益提高，对配网供电可靠性和供电质量的要求越来越高。近年来，随着国家投资力度的逐步加大，使得配网建设和改造任务逐渐增加。

　　目前，配网不停电作业已成为电力设备测试、检修、改造的重要手段，为减少停电损失、降低线损、开展在线监测和状态检修作出了巨大的贡献，成为保证电网安全高效运行的重要作业方法，且未来有望成为预知维修和状态检修的主要方法。

　　国网宁夏电力有限公司紧跟国家电网有限公司步伐，坚持以客户为中心，以提升供电可靠性为主线，通过提高配网不停电作业精益化管理水平，强化工器具（装备）配置力度，创新配网不停电作业技术，完善配网不停电作业培训体系等举措，打造了一支符合新战略、新形势的综合型配网不停电作业队伍，推动了配网作业由停电为主向不停电为主转变，为国家电网有限公司建设具有中国特色国际领先的能源互联网企业提供有力支撑。在总结经验、分析成效的基础上，国网宁夏电力有限公司逐年强化配网不停电作业的制度保障、人员保障、资金保障，有序推进各类配网综合不停电作业项目开发和人才培养，推动配网不停电作业向人员更加精干、装备更加精良、项目更加全面发展。

　　本书共分九章，第一章配网不停电作业概述由田永宁、张金鹏编写，第二章配电线路及设备基础由屈文贺、沈喜红编写，第三章配网不停电作业基础知识与作业方法由吴国平、李真娣编写，第四章配网不停电作业常用工器具由杜帅、张旭东编写，第五章配网不停电作业技术装备由韩世军、张子诚编写，第六章配网不停电作业相关标准解读由扈斐、潘龙、姚骁倩编写，第七章配网不停电作业管理由谢亚雷、朱菊编写，第八章配网不停电作业操作项目要点由何玉鹏、黄志鹏、孟昊龙编写，第九章配网不停电作业新技术由韩世军、买晓文编写，附录由尤鑫、汤文编写，全书由韩世军统稿，吴培涛、丁旭元主审。

　　本书可供配网不停电作业人员及相关技术、管理人员使用，也可用于大专院校的教学实践。由于时间仓促，编写人员水平有限，书中难免有不妥之处，敬请各位读者提出宝贵意见。

作　者

2021 年 9 月

目　录

第一章

配网不停电作业概述

第一节　配网不停电作业概述

配网作为电网的重要组成部分，直接面向电力客户，与广大群众的生产生活息息相关，是保障和改善民生的重要基础设施，是客户对电力服务感受和体验的最直观对象。近年来，配电网受到了国家电网有限公司、中国南方电网有限责任公司及社会各界的高度重视，随着建设改造力度的持续加大、规模的不断扩大、智能电网建设的快速推进，配电网在标准体系、网架结构、设备质量、自动化及智能管控水平等方面得到了显著提升。

国家电网有限公司坚持以客户为中心，以提升供电可靠性为主线，通过提升不停电作业精益化管理水平，创新不停电作业技术，完善不停电作业培训体系等举措，打造国内一流不停电作业队伍，推动配网检修作业由停电向不停电作业模式转变，为建设具有中国特色国际领先的能源互联网企业提供强大支撑和有力保障。

一、我国配网不停电作业开展情况

国家电网有限公司将配网不停电作业项目划分为 4 大类、共 33 项，不仅实现 10kV 架空及电缆线路所有设备的不停电检修，同时在配网抢修、用户保电等工作中也发挥了较大的作用。各网省公司严格执行 Q/GDW 10520《10kV 配网不停电作业规范》等 50 余项国家标准、行业标准和企业标准，严格规范安全措施、技术措施、人员资质、工器具技术条件、维护保养等要求及作业流程。在现场作业过程中，严格执行《国家电网有限公司电力安全工器具管理规定》《带电工器具库房配置要求》《带电作业工具、装置和设备预防性试验规程》等管理规定，分区、分类存放带电作业工器具，设置专人管理，定期对工器具进行试验。各省公司积极开展配网不停电作业新技术、新工艺、新设备、新材料的研发与经验交流，并与传统配网不停电作业项目相融合，进一步提升配网不停电作业能力，深化"地县一体化"管理，以"地域相邻、能力互补、资源共享"为原则，优化资源配置，灵活开展区域协同配网不停电作业。

二、我国配网不停电作业推进存在的问题

目前，我国配网计划检修时间占比较高，对标国际一流企业，不停电作业水平还存在较大差距，主要表现在还未完全树立不停电作业作为主流检修手段的理念；网架结构、装备水平不能完全满足不停电作业的开展；"地县一体化"管理效率仍需继续提升；现有人员作业能力不能实现不停电作业项目的全覆盖。因此，需要建立管理高效、业务全面、技术先进、队伍优秀的配网不停电作业体系。

配网不停电作业的全面发展对于不停电作业人员数量、装备配置、技能与管理水平提出了更高的要求。目前，我国不停电作业人员规模小于美国数十万人水平，一线作业人员不足，工作负荷较重，且不同地区作业人员技能水平存在较大差异；不停电作业车辆配置比例存在差距，我国绝缘斗臂车人车比例超过 5:1，而国外人车比例为 1:1；受绝缘材料、制造工艺等基础工业水平的制约，配网不停电作业常用的绝缘防护、遮蔽用具以及绝缘斗臂车等工器具装备主要依赖进口（多为美国和日本产品），使得相关产品造价高、采购周期长，不利于大规模应用；人员激励机制不够完备、相关的技术比武、研讨等交流平台有待增加。

因此，有必要进一步完善不停电作业培训体系，细化不停电作业培训内容，加大各类不停电作业装备配置，在满足常规作业项目快速发展的同时，稳步推广复杂作业项目，逐步完善技能人员和管理人员的培养模式，促使配网不停电作业的专业化发展。

第二节 配网不停电作业发展历程与前景

一、我国配网不停电作业发展历程

我国带电作业起步于 20 世纪 50 年代初，1958 年正式开始。

1973 年 8 月，水利电力部在北京召开"全国带电作业现场表演会"，会上来自 19 个省市的 30 家单位演练了 49 个项目，大会技术组提交的《带电作业安全技术专题讨论稿》，为统一全国带电作业安全工作规程奠定了技术基础。

2003 年起，带电作业在全国得到了广泛的推广应用，从 10kV 配电线路到 500kV 输电线路，从检测到更换绝缘子、线夹和间隔棒等常规项目到带电升高、移位杆塔等复杂项目均有开展。近年来，又进一步开展了紧凑型线路、同塔多回线路、750kV 线路和特高压交直流输电线路带电作业的研究及应用。

国家电网有限公司按照"能带电、不停电"的总体要求，大力推进配网不停电作业高质量发展。随着带电作业技术的迅速发展以及作业项目的不断完善，配网作业从停电作业向不停电作业的方式转变，为我们带来了良好的社会效益和经济效益。

二、发达国家配网不停电作业开展情况

当前美国部分地区、东京、巴黎等国际先进城市已经将不停电作业作为电网检修的主要手段，通过不停电作业的全面普及，达到了供电可靠性快速提升的效果。

在装备配置方面，美国、日本等带电作业先进的国家装备配置较完备，美国目前拥有绝缘斗臂车 10 万多辆，带电作业机械化水平高，如复杂作业中的带电更换电杆，一名作业人员利用机械设备 10 分钟即可完成；在作业方法方面，日本东京电力针对每一类配电设备均有对应的不停电作业工器具，保证了间接作业法中应用的作业工器具与全部配电设备配套使用，全面实现了间接作业法取代直接作业法；大规模开展旁路作业等复杂项目，确保能在各类作业环境中均能开展不停电作业；在不停电工器具管理方面，美国和日本无需配置专用的绝缘斗臂车和工器具库房，只需要普通库房即可，解决了基础投资的问题。

东京电力公司配电线路不停电作业主要采用绝缘杆法和综合不停电作业法，作业项目覆盖中低压架空和电缆线路，在中低压线路上普遍开展旁路作业、临时供电等不停电作业项目，并在作业过程中大量运用旁路柔性电缆、旁路变压器车、移动电源车等作业设备。东京电力公司设立了专门的不停电作业培训机构，制定严格的培训流程及考核制度，并按照技能水平的高低，将作业人员资格证书划分等级。2015 年以来，东京核心区域电力供电可靠性已达99.999%，户均停电时间为 5 分钟，其中户均故障停电时间 4 分钟，户均计划停电时间 1 分钟。日本不停电作业全部采用绝缘杆作业法完成，最大程度保障了作业人员的安全。

巴黎电网公司主要采用绝缘手套作业，多在中压架空线路和低压线路上开展工作，尚未开展电缆旁路作业。巴黎电网公司十分重视人员培养和队伍建设，建立了完备的一线员工培训上岗机制，普通员工的入职培训年限一般为 2~4 年，工作负责人一般在入职后还需要 3~6 年的培训考核。

便捷性方面，发达国家从不停电作业目标的提出到完全实现作业之所以周期短、成效快，一方面得益于本质安全层面的支撑，另一方面得益于线路设计、设备选型，以及导线在不影响安全运行情况下可以合理的开断。在美国，变台、支线、避雷器等通过跌落式熔断器和导线临时搭接挂钩的组合使用，进而安全快捷地完成绝缘杆作业法断接引线工作，对于美国实现完全不停电作业具有重要的意义；日本情况和美国类似，允许在不影响线路安全运行的情况下对同一档线路内多次开断，通过将复杂作业简单化，特别对多档线路大规模改造起到了积极作用，为实现完全不停电作业提供了支撑。

第三节　宁夏配网不停电作业发展现状

一、宁夏配网不停电作业开展情况

国网宁夏电力有限公司全口径配网不停电作业人员共 223 人，配置绝缘斗臂车 31 台、

移动箱变车 3 台、旁路开关车 1 台、电缆展放车 1 台以及 9 大类 32 种规格 1367 件各种不停电作业防护用具，适合不停电作业检修工作的绝缘工具及电动工具 200 余件。

2019 年，国网宁夏电力有限公司城市和县域开展 10kV 配网不停电作业 6982 次，减少停电时户数约为 22.1443 万时·户，不停电作业化率为 75.42%。其中带电消缺 3447 次，抢修作业 197 次，配合配电工程作业 2310 次，用户工程接火作业 1028 次。

2019 年初，国网宁夏电力有限公司党委会审议通过了《国网宁夏电力有限公司配网不停电作业提升工作方案》，要求在县公司成立配网不停电作业专业班组，并鼓励集体企业全面参与不停电作业开展。国网石嘴山、中卫供电公司在集体企业成立配网不停电作业相关机构，银川、吴忠、宁东、固原 4 个地市公司在所属县公司全部成立专业班组，并配置绝缘斗臂车等特种装备。2020 年，所有县公司绝缘斗臂车配置已达到 2 辆，市公司已达到 4 辆，有利于配网不停电作业的全面开展。

国网宁夏电力有限公司在国网石嘴山市红果子县供电公司试点打造"全类型、全地形、全时段"不停电作业示范区，通过梳理存在的困难和问题，不断总结试点经验，健全完善高低压不停电作业管理规定、工作规范及作业流程，将不停电作业延伸至低压界面，实现从中压到低压不停电检修，解决用户频发故障及用电问题，快速完成低压用户的接入改造工作。同时使用绝缘脚手架替代绝缘斗臂车作为现场作业平台，解决了配网不停电作业受作业点周边地形环境影响的问题，实现全地形开展配网不停电检修工作。

为加强县域配网不停电作业水平，2019 年 5 月，国网贺兰县供电公司借鉴其他网省公司不停电作业经验，在县公司中率先开展了"综合不停电作业更换变压器"和"综合不停电作业更换高低压架空线路"项目，为国网宁夏电力有限公司在县级公司推广综合不停电作业提供了宝贵经验。

二、宁夏配网不停电作业提升保障机制

1. 业务运转保障

地市公司负责不停电作业检修计划审核、人员培训和现场安全管控等工作，并建立地县一体化协作机制，统一调配资源跨区域开展大型和复杂作业项目。边远地区供电所可统筹作业人员力量，联合组建不停电作业小组，开展部分简单作业项目，并协助区、县公司专业班组开展复杂作业项目。

2. 人员保障

按照国家电网有限公司《10kV 配网不停电作业规范》要求的人员配置标准，逐年将配网运检岗位具备不停电作业资质的人员转岗至不停电作业岗位，2020 年补充 50 人、2021 年补充 52 人。2020 年开始，新入职人员或其他岗位转岗人员必须具备不停电作业资质。

为提高配网不停电作业人员工作的积极性和主动性，地市公司灵活制定不停电作业岗位薪酬激励机制，鼓励配网运检人员向不停电作业岗位流转。

3. 装备保障

根据配网不停电作业量逐年配置特种作业装备，2020 年增配普通绝缘斗臂车 6 辆、电

缆旁路不停电作业车组 2 套、绝缘平台 26 套、绝缘脚手架 26 套。2021 年增配电缆旁路不停电作业车组 3 套、中压发电车 1 台。

4. 能力提升保障

充分发挥国网宁夏电力有限公司配网不停电作业实训基地的作用，大力培养专（兼）职培训师资队伍，购置特种装备，满足多种不停电作业方式的培训需求。开展不停电作业技能竞赛和对口练兵等活动，提高复杂作业项目技能水平，拓展不停电作业项目范围。编写《配网不停电作业危险点辨识手册》和《配网不停电作业指导书》，提升作业安全水平。加强项目管理和设计人员的专业培训，项目编制、审核优先采用不停电作业方案。强化不停电作业装备、工器具的试验技术监督，开展作业基础理论研究和复杂项目技术攻关，推广应用新技术、新工艺、新设备、新材料，不断提升配网不停电作业质效。

5. 外部力量支撑保障

鼓励社会队伍积极参与配网不停电作业，进一步壮大配网不停电作业力量，规范业务外包管理，解决公司现有作业人员不足、装备配置不够问题。每个县公司有两组及以上的社会专业人员和作业装备，能够独立开展配网不停电作业项目，满足公司配网不停电作业需求。

配网不停电作业是提高优质服务水平、优化营商环境和保障用户可靠供电的重要技术措施，是降低配网现场作业风险、减轻安全管控压力、缩短安全布防时间的有效手段。国网宁夏电力有限公司以"不停电就是最好的服务"为目标，按照"能带不停"原则，分区域、分年度全面推进配网不停电作业，进一步提升供电可靠性和优质服务水平。

第二章

配电线路及设备基础

第一节　配　网　概　述

一、配网发展现状

配网网架结构持续优化。中心城市（区）加快变电站及廊道建设，已逐步形成双侧电源结构，基本完成中压线路站间联络，提高负荷转移能力。城镇地区根据负荷发展需求，逐步解决了高压配网单线单变供电安全问题，过渡到合理的目标网架。县域配网与主网联系薄弱问题也得到一定改善，适度增加乡村地区电源布点，缩短供电半径，合理选用经济适用的网架结构。

配网设备质量不断改善。以智能化为方向，按照"安全可靠、优质高效、绿色低碳、智能互动"的原则，提升了配网设备运行水平。采用现代传感和信息通信等技术，实现设备、通道运行状态及外部环境的在线监测，提高预警能力和信息化水平。推行功能一体化、设备模块化、接口标准化技术标准，提高了配网线路绝缘化率和供电可靠性。逐步淘汰高损耗变压器，推广先进适用的节能型设备，实现绿色节能环保。完善智能设备技术标准体系，引导设备制造科学发展。

配网智能化水平持续提升。积极应用自动化、智能化、现代信息通信等先进技术，大部分中心城市（区）、城镇地区已合理配置各类配电自动化终端，有效缩短了故障停电时间，实现网络自愈重构。乡村地区推广简易配电自动化，提高故障定位能力，切实提高配网运维水平。深化以精益生产管理系统、新一代配电自动化系统、供电服务指挥平台为主体架构的"两系统一平台"应用，试点建设以智能配电台区为中心的配电物联网，增强配网运行灵活性、自愈性和互动性。

配网标准体系初步建立。构建了以主网架、配网、通信网、智能化规划为支撑的电网发展规划体系。在配网建设方面，配网规划的引领作用正在逐步发挥作用，并从规划设计、工程建设、设备材料、运行检修等方面编制了一系列配网技术标准。

二、配网现存问题

配网快速发展的同时，社会各界对配网运营服务能力提出了更高要求。电力客户对公司供电保障能力、电能质量和服务效率要求越来越高，分散化清洁能源发电模式对配网设备和运营提出了灵活性、协调性的要求，政府对电网公司改善电力营商环境、提高供电服务质量、提升供电可靠性等方面监管要求更加严格。配网存在电压等级多、覆盖面广、项目种类多、工程规模小等特点，同时又直接面向用户，与城乡发展规划、客户多元化需求、清洁能源和分布式电源发展密切相关，建设需求随机性大、不确定因素多，粗放式发展的局面尚未根本转变，仍有许多问题亟待改善，具体问题如下：

1. 配网可靠性有待进一步提升

随着我国经济的不断发展，配网规模日益扩大，电网公司对配网可靠性提出了更高的要求。配网联络率、转供能力不高，配网不停电作业尚未完全普及，故障研判及处理主要依赖人工完成，预安排停电时户数和故障停电时户数仍需减少。

2. 配网设备标准化程度需优化

配网设备种类繁多，数量庞大，运行条件较为复杂，同类设备尚未形成标准化规范和通信规约体系，不能互联互通、即插即用，使得无法形成规模化应用，增加了设备的运维管理难度。

3. 配网一线运维人员管理与配网增速不匹配

近年来，我国配网规模不断扩大，现有配网体量庞大，发展速度加快，一线运维人员数量与能力不足，无法满足中低压配网精益化管理要求和业务服务需求。

综上所述，配网需要引入各类新技术和新理念，全面提升供电可靠性，从本质上提升配网建设、运维和管理水平，推动业务模式、服务模式和管理模式不断创新，支撑能源互联网的快速发展。

三、配网供电可靠性管理

供电可靠性可以直接反映一个供电企业对其用户持续供电的能力，是国际通用的电能质量管理重要指标。提升供电可靠性是国家电网有限公司履行政治责任、社会责任、经济责任的重要体现。提升供电可靠性是国家发展、人民获得感的内在需求，国家电网有限公司始终践行"人民电业为人民"的企业宗旨，不断提高供电可靠性，保障优质服务。提升供电可靠性是国家电网有限公司建设具有中国特色国际领先的能源互联网企业的重要支撑，通过全面深化企业改革、对标国际先进电网企业，推动配网管理提质增效，助力管理向精益化和数字化转型。

按照既定的可靠性目标对设备和系统寿命周期中的各项工程技术活动进行规划、计划、组织、管控、协调、监督、决策，是供电企业全方位工作质量和管理水平的综合体现。供电可靠性管理是一项适合现代电力企业管理的科学系统工程，它既有成熟的可量化指标体系，又有先进的数字化管理工具，还有可复制的国际化同业经验，对促进电网企业全面提升管理水平具有极强的现实意义。2018 年以来，国家电网有限公司把"提升供电可靠性"作为配电管理工作的主线，将供电可靠性管理贯穿于配网规划、建设、运行、检修、服务全过程，着力优化电网结构、提高设备质量、强化管理保障、加快技术创新。

2019 年，各级电力可靠性归口管理职能由安监部门调整至设备管理部门，初步实现了指标管理与业务管理的有机统一。以提升供电可靠性为主线的理念在配电专业管理中逐步形成共识。各单位从加强配电基础业务管理入手，全面开展供电可靠性预算式管理，依托供电服务指挥中心加强停电过程管控。实施城市配网可靠性提升工程，通过可靠性管理提升，全面带动配网高质量发展、高效率运行、高品质服务。

供电可靠性管理是一项长期坚持、不断改进的系统性工作。制约可靠性提升的四个核心要素为网架、设备、自动化和管理。从长期看，配网网架结构、设备质量和自动化水平是提升供电可靠性的物质基础，需要加大投入力度，建设坚强合理的标准化网架结构、应用高质耐用的设备、提升配电自动化实用化水平，降低配网故障率。从短期看，在现有配网网架基础和设备水平基础上，提升管理水平、增强软实力是见效最快、成本最低的有效途径。国家电网有限公司 2019 年停电责任原因构成中，用户平均预安排停电占全部停电时间的 63%，主要停电责任原因为工程停电和计划检修停电。从城市、农村的停电时间来看，农村用户平均停电时间多于城市用户平均停电时间。这说明，因管理原因造成的停电现象仍然存在，农村地区停电管理还存在短板，为此，需要从以下几个方面加强管理：

（1）加强配电专业管理和队伍建设，强化地市公司配电专业职能管理，加强对市、区（县）级公司配电专业的统筹管理和业务指导，配齐供电服务机构与供电所配电专业人员。

（2）严格控制计划停电，全面落实停电时户数预算式管控机制，将可靠性目标细化分解到每一个专业、每一个班组、每一条线路、每一个台区，统筹各类停电需求，强化综合停电管理，严格审批停电方案，扎实落实好停电计划，确保停电范围最小、停电时间最短、停电次数最少。

（3）大力降低故障停电，强化基层配电专业管理，转变配网"固定周期、均等强度"的运维管理模式和工作方式，落实设备主人制，建立闭环管控工作机制，制定差异化运维策略，运用大数据分析成果，集中力量强化重点时段、重点区域运维。按照"突出短板、全面排查、综合治理"原则开展频繁停电线路和台区的专项整治，对年度停电超过 100h 的台区和故障停电超过 5 次的线路，逐一开展治理。综合运用技术和管理手段，减少用户受故障停电影响。

（4）大力提升不停电作业能力，加大配网不停电作业装备和人员投入，完善配网不停电作业班组、外包团队（省管）建设，推广应用不停电作业机器人。扩大配网工程不停电施工作业范围，用好用足带电作业取费定额，逐年提升配网工程和检修作业中不停电作业比重，全面推进配网施工检修由大规模停电作业向不停电或少停电作业模式转变。

（5）全面深化配电自动化系统应用，实现地市配电自动化主站全覆盖，10kV 配电线路自动化覆盖率不断提升。加大一、二次融合设备应用力度，提升配网单相接地故障准确定位和快速处置能力，完善配网线路分级保护管理规范，加强配电终端保护定制管理，实现配网故障分区分段快速隔离处置。

（6）加快推进管理数字化转型，充分利用供电服务指挥中心、电网资源业务平台、配电自动化系统、配电移动作业终端、用电信息采集系统等技术平台，开展配网停电过程管控和停电责任原因分析，加强分析结果的应用，使得数字化管理工具能够有效指导专业管理工作的改进提升。

通过以上措施，2020 年国家电网有限公司经营范围内的城市、农村配网供电可靠率分别达到 99.967%、99.838%，各省公司全面达到 99.8%以上的目标，10 个世界一流城市城网户均停电时间不超过 1h。到 2021 年年底，地级市以上城网用户平均停电时间不超过 2.5h。

第二节　配网网架结构

一、架空线路典型接线方式

中压架空网的典型接线方式包括辐射式、多分段单联络、多分段多联络 3 种类型。

1. 辐射式接线

辐射式接线示意图如图 2-1 所示。

图 2-1　辐射式接线示意图

辐射式接线简单清晰、运行方便、建设成本低。当线路或设备故障、检修时，用户停电范围大，可以将主干线分为若干（一般 2-3）段，以缩小事故和检修停电范围。当设备故障导致整条线路停电时，主干线正常运行负载率可达到 100%，在条件允许的情况下，可采用同站单联络或异站单联络进行过渡。

辐射式接线一般仅适用于负荷密度较低、用户负荷重要性一般、变电站布点稀疏的地区。

2. 多分段单联络

多分段单联络是通过一个联络开关，将来自不同变电站（开关站）的中压母线或相同变电站（开关站）不同中压母线的两条馈线连接起来。一般分为本变电站单联络和变电站间单联络两种，如图 2-2 所示。

3. 多分段多联络

采用环网接线开环运行方式，分段与联络数量应根据用户数量、负荷密度、负荷性质、线路长度和环境等因素确定，一般将线路 3 分段、2-3 联络。按《配网典型供电模式》规定，线路总容量宜控制在 12000kVA 以内，专线宜控制在 16000kVA 以内。

三分段两联络结构是通过两个联络开关，将变电站的一条馈线与来自不同变电站（开关站）或相同变电站不同母线的其他两条馈线连接起来，如图2-3所示。

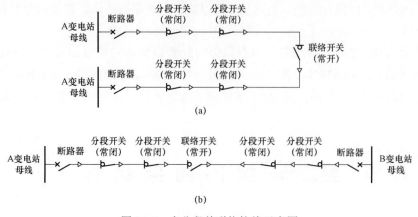

(a)

(b)

图2-2　多分段单联络接线示意图

（a）本变电站单联络；（b）变电站间单联络

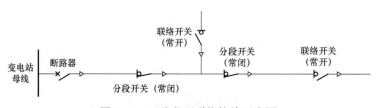

图2-3　三分段两联络接线示意图

三分段两联络结构最大的特点和优势是可以有效提高线路的负载率，降低不必要的备用容量。在满足N-1的前提下，主干线正常运行时的负载率可达到67%。

三分段三联络是通过三个联络开关，将变电站的一条馈线与来自不同变电站或相同变电站不同母线的其他三条馈线连接起来。任何一个区段故障，均可通过联络开关将非故障段负荷转供到相邻线路，如图2-4所示。

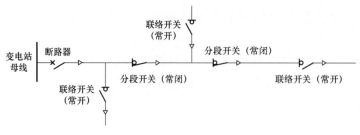

图2-4　三分段三联络接线示意图

在满足N-1的前提下，主干线正常运行时的负载率可达到75%。该接线结构适用于负荷密度较大，可靠性要求较高的区域。

二、电缆线路典型接线方式

中压电缆网典型接线方式主要有单射式、双射式、对射式、单环式、双环式、N供一备6种方式。

1. 单射式

单射式是自一个变电站或一个开关站的一条中压母线引出一回线路,形成单射式接线方式。该接线方式不满足 $N-1$ 要求,但主干线正常运行时的负载率可达到 100%,如图 2-5所示。

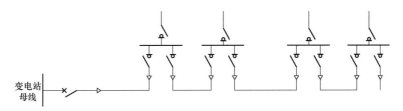

图 2-5　单射式接线示意图

2. 双射式

双射式接线是自一个变电站或一个开关站的不同中压母线引出双回线路,形成双射接线方式;或自同一供电区域不同方向的两个变电站(或两个开关站);或同一供电区域一个变电站和一个开闭所的任一段母线引出双回线路,形成双射接线方式,如图 2-6 所示。

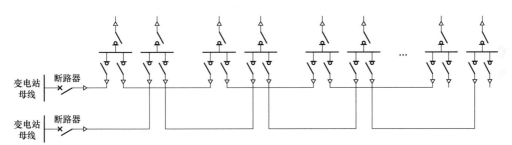

图 2-6　双射式接线示意图

3. 对射式

对射式接线是自不同方向电源的两个变电站(或两个开关站)的中压母线馈出单回线路组成对射式接线,如图 2-7 所示。

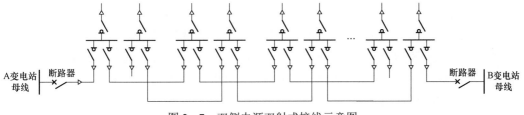

图 2-7　双侧电源双射式接线示意图

4. 单环式

单环式是自同一供电区域的两个变电站中压母线（或一个变电站不同中压母线）、或两个开关站中压母线（或一个开关站不同中压母线）或同一供电区域一个变电站和一个开闭所的中压母线馈出单回线路构成单环网，开环运行，如图2-8所示。

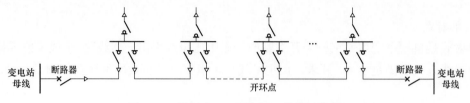

图2-8 单环式（双侧电源）接线示意图

5. 双环式

双环式是自同一供电区域的两个变电站（开关站）的不同段母线各引出一回线路或同一变电站的不同段母线各引出一回线路，构成双环式接线方式。如果环网单元采用双母线不设分段开关的模式，双环网本质上是两个独立的单环网，如图2-9所示。

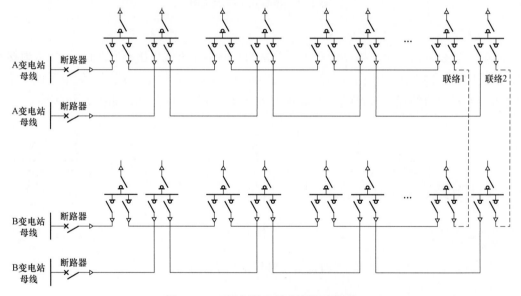

图2-9 双侧电源双环式接线示意图

三、配电线路及设备选型

考虑到社会经济的发展和负荷的增长速度，配网设备选型要实现标准化、序列化。在同一供电地区，高压配电线路、主变压器、中压馈线（主干线、分支线、次分支线）、配电变压器、低压线路的选型，应考虑经济性（库存少、维护方便、适应范围合理），以便构成合理的序列，主要根据电网网架结构、负荷发展水平与全寿命周期成本综合确定。

10kV 配网主干线截面宜综合供电区域划分、负荷发展情况、线路全寿命周期等因素一次选定。同一规划区的主干线导线截面不宜超过 3 种，主变压器容量与中压出线间隔及中压线路导线截面的配合一般可参考表 2-1 选择。

表 2-1　　　　主变压器容量与中压出线间隔及中压线路导线截面配合推荐表

110~35kV 主变容量（MVA）	10kV 馈线数	10kV 主干线截面（mm²）		10kV 分支线截面（mm²）	
		架空	电缆	架空	电缆
63	10 及以上	240、185	400、300	150、120	240、185
50	8~10	240、185	400、300	150、120	240、185
40、31.5	8~10	185、150	300、240	120、95	185、150
20	6~8	150、120	-	95、70	=
12.5、10	4~8	120、95		70、50	
6.3、3.15、2	4~8	95、70	=	50	=

10kV 线路供电半径应满足末端电压质量的要求。原则上 A+、A、B 类供电区域供电半径不宜超过 3km；C 类不宜超过 5km；D 类不宜超过 15km；E 类供电地区供电半径应根据需要经计算确定。

第三节　10kV 架空线路及设备

10kV 架空线路具有环境适应性强、建设成本低、建设速度快、易于改造等优点，在我国城乡地区得到了广泛应用。10kV 架空配电线路由杆塔、导线、绝缘子、金具、拉线、基础、接地装置、隔离开关、变压器、断路器、故障指示器、避雷器等元件组成。

架空线路建设改造时，宜采用单回架设以适应不停电作业，导线三角形排列时边相与中相水平距离不宜小于 800mm。若采用双回线路，耐张杆宜采用竖直双排列，若通道受限，可采用电缆敷设方式。市区架空线路路径的选择、线路分段及联络开关的设置、导线架设布置（线间距离、横担层距及耐张段长度）、设备选型、工艺标准等方面应充分考虑不停电作业的要求和发展，以利于开展不停电作业，便于负荷转供，从而减少用户停电次数。

一、导线

导线用以传导电流、输送电能，它通过绝缘子串长期悬挂在杆塔上。导线在大气中运行，长期受风、冰、雪、雷电和温度等气象条件变化的影响，不仅承受变化拉力的作用，同时还受空气中污物的侵蚀。因此，导线除应具有良好的导电性能外，还必须有足够的机械强度和防腐性能。

架空线路导线包括裸导线和绝缘导线。

1. 裸导线

常用裸导线包括裸铝导线、裸铜导线、钢芯铝绞线、镀锌钢绞线、铝合金绞线 5 种。

裸铝导线。铝的导电性仅次于银、铜，但由于铝的机械强度较低，铝线的耐腐蚀能力差，所以裸铝导线不宜架设在化工区和沿海地区，一般用在中低压配电线路中，而且档距一般不超过 100m。

裸铜导线。铜导线有很高的导电性能和足够的机械强度，但铜的资源少、价格贵，应用场合较少。

钢芯铝绞线。钢芯铝绞线充分利用钢绞线机械强度高和铝的导电性能好的特点，把这两种金属导线结合起来而形成。其结构特点是外部几层铝绞线包裹着内芯的 1 股、7 股或多股的钢丝或钢绞线，使得钢芯不受大气中有害气体的侵蚀。钢芯铝绞线由钢芯承担主要的机械应力，铝线承担输送电能的任务，并通过铝绞线减少交流电流产生的集肤效应，提高铝绞线的利用率，因而广泛应用于中、高压输配电线路中。

镀锌钢绞线。镀锌钢绞线机械强度高，但导电性能及抗腐蚀性能差，不宜用作电力线路导线。目前，镀锌钢绞线用来作避雷线、拉线和架空电缆的承力索。

铝合金绞线。铝合金含有 98% 的铝和少量的镁、硅、铁、锌等元素，它的导电率与铝相近，与相同截面的铝绞线相比机械强度高，是一种比较理想的导线材料。但铝合金线的耐振性能较差，不宜在大档距的架空线路上使用。

2. 绝缘导线

绝缘导线适用于城市人口密集地区，线路走廊狭窄，架设在裸导线与建筑物的安全距离不足的地区，以及风景绿化、林带区和污秽严重的地区等。随着城市的发展，采用绝缘导线架空配电线路是配网发展的趋势。

架空配电线路绝缘导线按电压等级可分为中压绝缘导线、低压绝缘导线；按架设方式可分为分相架设、集束架设。绝缘导线的类型有中、低压单芯绝缘导线、低压集束型绝缘导线、中压集束型半导体屏蔽绝缘导线、中压集束型金属屏蔽绝缘导线等。

在导线的选择上，规划 A+、A、B、C 类供电区域、林区、严重化工污秽区以及系统中性点经低电阻接地地区宜采用中压架空绝缘导线。一般区域采用铝芯交联聚乙烯绝缘导线。沿海及化工严重污秽区域可采用铜芯交联聚乙烯绝缘导线，铜芯绝缘导线宜选用阻水型绝缘导线。走廊狭窄或周边环境对安全运行影响较大的大跨越线路可采用绝缘铝合金绞线或绝缘钢芯铝绞线。A+、A、B、C 类供电区域平原线路档距不宜超过 50m，D、E 类供电区域平原线路档距不宜超过 70m。

山区、河湖等区域较大跨越线路可采用中强度铝合金绞线或钢芯铝绞线，沿海及化工严重污秽等区域的大跨越线路可采用铝锌合金镀层的钢芯铝绞线、B 级镀锌层或防腐钢芯铝绞线，空旷原野不易发生树木或异物短路的线路可采用裸铝绞线。档距应结合地形情况经计算后确定。

二、绝缘子

架空配电线路的导线，是通过绝缘子和金具将其连接固定在杆塔上，用于导线与杆塔连接的绝缘子，在运行中不但要承受工作电压的作用，还要承受过电压的作用，同时还要承受机械力的作用及气温变化和周围环境的影响，所以绝缘子必须有良好的绝缘性能和一定的机械强度。

绝缘子按照材质分为瓷绝缘子、玻璃绝缘子和合成绝缘子三种。

（1）瓷绝缘子具有良好的绝缘性能和耐热性，同时具有适应多种气候条件和组装灵活等优点，被广泛用于各种电压等级的线路。金属附件连接方式分球型和槽型两种，在球型连接构件中用弹簧销子锁紧，在槽型结构中用销钉锁紧。

（2）玻璃绝缘子，用钢化玻璃制成，具有产品尺寸小、质量轻、机械强度高、电容大、热稳定性好、老化较慢寿命长、"零值自破"、维护方便等特点。

（3）合成绝缘子，又名复合绝缘子，它是由棒芯、伞盘及金属端头铁帽三个部分组成。合成绝缘子具有抗污闪性强、强度大、质量轻、抗老化性好、体积小等优点。但可承受的径向（垂直于中心线）应力很小。因此，适用于耐张杆的绝缘子严禁踩踏，或施加任何形式的径向荷重，否则将导致折断。运行数年后还会出现伞裙变硬、变脆的现象，也容易发生鸟类咬噬而导致损坏。

绝缘子表面做成波纹形，一是可以增加绝缘子的泄漏距离（爬电距离），同时每个波纹又能起到阻断电弧的作用；二是当下雨时，从绝缘子上流下的污水不会直接从绝缘子上部流到下部，起到阻断污水水流的作用，避免形成污水柱造成短路故障；三是当空气中的污秽物质落到绝缘子上时，由于绝缘子波纹的凹凸不平，污秽物质将不能均匀地附在绝缘子上，在一定程度上提高了绝缘子的抗污能力。

架空配电线路常用的绝缘子有针式瓷绝缘子、柱式绝缘子、悬式绝缘子、蝴蝶式绝缘子（又称茶台瓷瓶）、棒式绝缘子、拉线绝缘子、陶瓷横担绝缘子、放电箝位绝缘子等。低压线路用的低压瓷瓶有针式和蝴蝶式两种。

（1）针式瓷绝缘子。针式瓷绝缘子主要用于直线杆和角度较小的转角杆支撑导线，分为高压、低压两种。针式绝缘子的支持钢脚用混凝土浇装在瓷件内，形成"瓷包铁"内浇装结构。

（2）柱式瓷绝缘子。柱式绝缘子的用途与针式瓷绝缘子基本相同。柱式绝缘子的绝缘瓷件浇装在底座铁靴内，形成"铁包瓷"外浇装结构。使用柱式绝缘子时，架设直线转角杆的导线角度不能过大，侧向力不能超过柱式瓷绝缘子允许抗弯强度。

（3）悬式瓷绝缘子。主要用于架空配电线路耐张杆，一般低压线路采用一片悬式瓷绝缘子悬挂导线，10kV 线路采用两片组成绝缘子串悬挂导线。悬式瓷绝缘子金属附件的连接方式，分为球窝型和槽型两种。

（4）蝴蝶式瓷绝缘子。蝴蝶式绝缘子俗称茶台瓷瓶，分为高压、低压两种。在 10kV 线路上，蝴蝶式绝缘子与悬式绝缘子组成"茶吊"，用于小截面导线耐张杆、终端杆或分支杆等。在低压线路上，作为直线或耐张绝缘子。

（5）棒式瓷绝缘子。棒式瓷绝缘子又称瓷拉棒，是一端或两端外浇装钢帽的实心磁体，或纯瓷拉棒。

（6）拉线绝缘子。拉线绝缘子又称拉线圆瓷，一般用于架空配电线路的终端、转角、耐张杆等穿越导线的拉线上，使下部拉线与上部拉线绝缘。

（7）陶瓷横担绝缘子。陶瓷横担绝缘子是一端外浇装金属附件的实芯瓷件，一般用于10kV 线路直线杆。

（8）放电箝位绝缘子。放电箝位绝缘子的底部与柱式绝缘子基本相同，绝缘瓷件浇装在底座铁靴内，形成"铁包瓷"外浇装结构，其顶部绝缘瓷件浇装在铁帽内，铁帽上安装有铝质压板。

架空线路绝缘子的绝缘配置要求如下：

（1）一般地区线路绝缘子爬电比距应不低于GB50061规定中的d级污秽度的配置要求，额定雷电冲击耐受电压可从高于系统标称电压一个等级中选取，符合GB311.1 的规定。

（2）直线杆采用柱式绝缘子，线路绝缘子的雷电冲击耐受电压宜选 105kV，柱上变台支架绝缘子的雷电冲击耐受电压宜选 95kV，线路绝缘子的绝缘水平宜高于柱上变台支架绝缘子的绝缘水平。

（3）高海拔地区可依据 GB311.1 海拔修正因数提高绝缘子爬电距离和雷电冲击耐压水平，线路柱式绝缘子的雷电冲击耐受电压宜选 125kV，悬式盘形绝缘子宜增加绝缘子片数，同时应加大杆塔导体相间、相对地距离。

（4）沿海、严重化工污秽区域应采用防污绝缘子、有机复合绝缘子等。

（5）同一区域配电线路的绝缘子规格宜相对固定，以利于与外间隙避雷器配合应用。

三、横担

横担用于支撑绝缘子、导线及柱上配电设备，保持导线间有足够的安全距离，具有一定的强度和长度。横担按材质的不同可分为铁横担、木横担、瓷横担和绝缘横担四种。近年来又出现玻璃纤维环氧树脂材料的绝缘横担。

（1）铁横担。铁横担一般采用等边角制成，要求热镀锌，锌层不小于 70um，因其为型钢，造价较低，并便于加工，所以使用最为广泛。根据受力情况，铁横担可分为直线型、耐张型和终端型等。直线型横担只承受导线的垂直荷载，耐张型横担主要承受两侧导线的张力，终端型横担主要承受导线的最大允许拉力。耐张型横担、终端型横担根据导线的截面，一般应为双横担，当架设大截面导线或大跨越档距时，双横担平面间应加斜撑板，或采用菱形双横担。架空线路采用的铁横担等金属构件均应采用热镀锌防腐，并满足导线机械承载力要求。

（2）木横担。木横担按断面形状分为圆横担和方横担两种，圆横担需采用与木杆相同的木材，并且没有劈裂、节子，也可使用松柏杉木，但小头直径不得小于 100mm，木横担已逐步淘汰。

（3）瓷横担。瓷横担可代替铁、木横担以及针式绝缘子、悬式绝缘子等作为绝缘和固定导线作用。其优点是节省钢材或木材，在相同条件下使用，陶瓷横担可降低线路工程造价。但瓷横担机械强度较低，易出现折断事故。

（4）绝缘横担。绝缘横担是利用玻璃纤维环氧树脂（玻璃钢）材质制作的横担，代替传统的铁横担，安装在中压配电线路上的一种新型横担。具有质量轻、强度高、电气性能好、延伸率小、抗疲劳性好等优点。

四、杆塔

10kV 架空线路杆塔的作用是支撑导线，使其对大地、树木、建筑物以及被跨越的电力线路、通信线路等保持足够的安全距离，并在各种气象条件下，保证电力线路能够安全可靠地运行。

规划 A+、A、B、C、D 类供电区域 10kV 架空线路一般选用 12m 或 15m 环形混凝土电杆，E 类供电区域一般选用 10m 及以上环形混凝土电杆。环形混凝土电杆一般应选用非预应力电杆，交通运输不便地区可采用轻型高强度电杆、组装型杆或窄基铁塔等。A+、A、B 类供电区域的繁华地段受条件所限，耐张杆可选用钢管杆。对于受力较大的双回路及多回路直线杆，以及受地形条件限制无法设置拉线的转角杆可采用部分预应力混凝土电杆，其强度等级分为 O 级、T 级、U2 级 3 种。

1. 杆塔的类型

杆塔按其在架空线路中的用途，可分为直线杆、耐张杆、转角杆、终端杆、分支杆、跨越杆和其他特殊杆等。

（1）直线杆用在线路的直线段上，以支持导线、绝缘子、金具等重量，并能够承受导线的重量和水平风力荷载，但不能承受线路方向的导线张力。导线用线夹和悬式绝缘子串挂在横担下或用针式绝缘子固定在横担上。

（2）耐张杆主要承受导线的水平张力，同时将线路分隔成若干耐张段，以便于线路的施工和检修，并可在事故情况下限制倒杆断线的范围。导线用耐张线夹和耐张绝缘子串或用蝶式绝缘子固定在电杆上，电杆两边的导线用引流线连接起来。

（3）转角杆用在线路方向需要改变的转角处，正常情况下除承受导线等垂直载荷和内角平分线方向的水平风力荷载外，还要承受内角平分线方向导线全部拉力的合力，在事故情况下还要能承受线路方向导线的重量，分为直线型和耐张型两种型式，具体采用哪种型式可根据转角的大小来确定。

（4）终端杆用于线路首末的两终端处，是耐张杆的一种，正常情况下除承受导线的重量和水平风力荷载外，还要承受顺线路方向导线全部拉力的合力。

（5）分支杆用于分支线路与主配电线路的连接处，在主干线方向上它可以是直线型或耐张型杆，在分支线方向上时则是终端杆。分支杆除承受直线杆塔所承受的载荷外，还要承受分支导线垂直荷重、水平风力荷重和分支方向导线全部拉力。

（6）跨越杆用于跨越公路、铁路、河流和其他电力线路等大跨越的地方，为保证导线具有必要的悬挂高度，一般要加高电杆。为加强线路安全，保证足够的强度，还需加装拉线。

2. 杆塔的种类

配电线路杆塔的种类主要有钢筋混凝土杆、钢管杆、铁塔和木杆。

钢筋混凝土杆按其制造工艺可分为普通型钢筋混凝土杆和预应力钢筋混凝土杆两种；按照杆的形状又可分为等径杆和锥形杆（又称拔梢杆）。等径杆的直径通常有 300、400、500mm 等，杆段长度一般有 4.5、6、9m 三种。锥形杆的拔梢度斜度均为 1:75，其规格型号由高度、梢径、抗弯级别组成。电杆分段制造时，端头可采用法兰盘、钢板圈或其他接头形式。电杆高度由以下 4 个因素决定。

（1）横担与杆顶的距离。最上层横担中心距离杆顶的距离与导线排列方式有关，水平排列时采用 0.3m，等腰三角形排列时为 0.6m，等边三角形排列时为 0.9m。同杆架设多回路时，各层横担间的垂直距离一般为 0.8m（直线杆）或 0.45～0.6m（分支或转角杆）。

（2）导线弧垂所需高度。导线两悬挂点的连线与导线最低点之间的垂直距离称为弧垂。弧垂过大容易碰线，弧垂过小则会因为导线承受的拉力过大而可能被拉断。弧垂的大小与导线截面、材料、档距及周围环境温度等因素有关，在选择电杆高度时，应按最大弧垂考虑。

（3）导线与地面或跨越物最小允许距离。为保证线路安全运行，防止人身事故，导线最低点与地面或跨越物之间应满足安全距离的要求。

（4）电杆的埋深。当电杆长度为 15m 时，埋深为 2.3m，电杆长度为 18m 时，埋深为 2.6～3.0m。

钢管杆由于其具有钢性美观、承受压力较大等优点，特别适用于狭窄道路、城市景观道路以及无法安装拉线的地方架设。架空配电线路使用的钢管杆有椭圆形、圆形、六边形或十二边等多边形，且多为锥形。通常情况下斜度标准，直线杆一般为 1:75 或 1:70，30 度转角杆约为 1:65，60° 转角杆约为 1:45，90° 转角杆约为 1:35。钢管杆按基础形式可分为法兰式和管桩式两种。法兰式钢管杆长一般为 11m 和 12.8m 两种，11m 钢杆可与 13m 钢筋混凝土电杆配合使用，12.8m 钢杆可与 15m 钢筋混凝土电杆配合使用。管桩式钢管杆长一般为 12、13.8、14.2、15m 等多种形式，可与 13m 或 15m 钢筋混凝土电杆配合使用，12m、13.8m、14.2m 钢管杆多用钢管桩基础，埋设深度为 1～1.4m，15m 钢管杆可用混凝土基础。钢管杆的梢径一般为 200～260mm，常用的梢径为 230mm。

3. 杆塔基础

将杆塔固定在地下部分的装置和杆塔自身埋入土壤中起固定作用部分的整体统称为杆塔基础。杆塔基础起着支撑杆塔全部荷载的作用，并保证杆塔在受外力作用时不发生倾倒或变形。杆塔基础包括电杆基础和铁塔基础。

钢筋混凝土电杆基础，根据土质的不同，可直接采用一定深度的杆坑或在杆坑加装底盘、卡盘和拉线盘，俗称"三盘"。底盘作用是承受混凝土电杆的垂直下压荷载以防止电杆下沉，卡盘是当电杆所需承担的倾覆力较大时，增加抵抗电杆倾倒的力量，拉线盘依靠自身重量和回填土方的总合力来承受拉线的上拔力，以保持杆塔的平衡。

铁塔基础有混凝土和钢筋混凝土普通浇制基础、预制钢筋混凝土基础、金属基础和灌注式桩基础。

五、配电线路常用金具

在架空配电线路中，用于连接、紧固导线的金属器具，具备导电、承载、固定作用的金属构件，统称为金具。金具按其性能和用途可分为线夹金具、连接金具、接续金具、拉线金具和防护金具等。

1. 线夹金具

（1）悬吊金具（悬垂线夹）。悬吊金具的作用是把导线悬挂、固定在直线杆悬式绝缘子串上，外挂板采用热镀锌钢板或不锈钢板制造。

（2）耐张金具（耐张线夹）。耐张金具的用途是把导线固定在耐张、转角、终端杆的悬式绝缘子串上，按其结构和安装条件可分为楔型、螺栓型、预绞丝（无螺栓型）等。

（3）设备线夹。设备线夹包含压缩型设备端子、螺栓型铜铝设备线夹和抱杆式设备线夹三大类。

2. 连接金具

连接金具主要用于耐张线夹、悬式绝缘子（槽型和球窝型）、横担等之间的连接。与槽型悬式绝缘子配套的连接金具可由 U 型挂环、平行挂板等组合，与球窝型悬式绝缘子配套的连接金具可由直角挂板、球头挂环、碗头挂板等组合。金具的破坏载荷均不应小于该金具型号的标称载荷值，所有金属制造的连接金具及紧固件均应热镀锌。

3. 接续金具

接续金具按承力可分为非承力接续金具和承力接续金具两类，按施工方法又可分为液压、钳压、螺栓接续及预绞式螺旋接续金具等，按接续方法可分为对接、搭接、角接、插接、螺接等。

非承力接续金具有 C 形楔型线夹、液压 H 型线夹、液压 C 型线夹、铝绞线/钢芯铝绞线用铝异径并沟线夹、铜绞线用铜异径并沟线夹、铜铝过渡异径并沟线夹、接户线过渡线夹、穿刺线夹等。其中，穿刺线夹适用于绝缘导线，通常采用带电作业施工，有利于绝缘防护。

承力接续金具有钢芯铝绞线用钳压接续管、铝绞线用钳压接续管、铝绞线液压对接接续管、铜绞线液压对接接续管、钢芯铝绞线液压对接接续管、铝合金绞线液压对接接续管、预绞式接续条等。

4. 防护金具

防护金具包括修补条与护线条、多频防振锤、司脱客型防震锤、放电线夹等。放电线夹可用于防止雷击电弧烧断、烧伤绝缘导线，从而避免雷击断线。

架空线路应采用节能型铝合金线夹，绝缘导线耐张固定亦可采用专用线夹。导线承力接续宜采用对接液压型接续管，导线非承力接续不应使用依赖螺栓压紧导线的并沟线夹，应选用螺栓 J 型、螺栓 C 型、弹射楔形、液压型等依靠线夹弹性或变形压紧导线的线夹。配电变压器台区引线与架空线路连接点须带电断、接处应选用可带电装、拆线夹，与设备连接应采用液压型接线端子。

六、跌落式熔断器

跌落式熔断器是户外高压保护电器，依靠熔体或熔丝的特性，在电路出现短路电流或不被允许的大电流时，由电流流过熔体或熔丝产生的热量将溶体或熔丝熔断，使电路断开，保护电气设备。10kV 跌落式熔断器可装在杆上变压器高压侧或配电线路分支线路上，作为配电线路、电力变压器过载和短路保护及分合额定电流之用，具有安装使用方便、价格低、限流性能好等优点。也可安装在互感器和电容器与线路连接处，提供过载和短路保护，安装在长线路末端或分支线路上，对保护不到的范围提供保护。

跌落式熔断器结构简单、价格便宜、维护方便、体积小巧，因而在配网中应用广泛。其工作原理是：熔丝穿过熔管，两端拧紧，正常工作时，靠熔丝的张力使熔管上动触头与上静触头可靠接触，故障时，熔丝熔断，形成电弧，熔管内产生大量气体，对电弧形成吹弧，使电弧拉长并熄灭，同时失去熔丝拉力，在重力作用下，熔丝管向下跌落，切断电路，形成明显的断开点。

七、柱上开关设备

1. 柱上断路器
断路器具有可靠的灭弧装置，不仅能通断正常的负荷电流，而且能接通和承担一定时间的短路电流，并在保护装置作用下自动跳闸，切除短路电流。

断路器的主要技术参数有：额定电压、最高工作电压、额定绝缘水平、额定电流、额定短路开关电流、额定短路开断次数、额定稳定电流（峰值）、热稳定电流、机械寿命等。

真空断路器灭弧介质和灭弧后触头间隙的绝缘介质都是真空，具有体积小、重量轻，适用于频繁操作，灭弧可靠的优点，在配网中应用较为普遍。

柱上开关应满足以下技术要求：

（1）一般采用柱上负荷开关作为线路分段、联络开关。长线路后段（超出变电站过流保护范围）、大分支线路首端、用户分界点处可采用柱上断路器。

（2）规划实施配电自动化的地区，所选用的开关应满足自动化改造要求，并预留自动化接口。

2. 负荷开关
负荷开关在 10～35kV 供电系统中应用，即可作为独立的设备使用，也可安装在环网柜等设备中。手动或电动操作，用于开断负荷电流，承载额定短路电流。

负荷开关是一种功能介于高压断路器与高压隔离开关之间的电器，高压负荷开关常与高压熔断器串联配合使用，用于控制电气设备。高压负荷开关具有简单的灭弧装置，能通断一定的负荷电流和过负荷电流，但不能断开短路电流，一般与高压熔断器串联使用，借助熔断器实现短路保护功能。

负荷开关的主要技术参数有：额定电流、额定峰值动稳定电流、额定热稳定电流等。

3. 隔离开关

隔离开关无灭弧能力,只能在没有负荷电流的情况下分、合电路。隔离开关没有断流能力,不允许带负荷拉闸或合闸,但其断开时可以形成可见的明显开断点和安全距离,保证停电检修工作的人身安全。隔离开关主要安装在高压配电线路的出线杆、联络点、分段处以及不同单位维护线路的分界点。

隔离开关一般与线路分段、联络开关配合使用,应具有防腐蚀性能,即可根据运行环境与经验选择单独配置或外挂型式配置,也可选用组合式柱上开关隔离开关配置。

八、柱上变压器

配电变压器通常是指电压为 20kV 及以下、容量为 1600kVA 以下、直接向终端用户供电的电力变压器。

配电变压器的作用是把 20、10kV 的电压变成适合于用户生产和照明用的三相 400V 或单相 220V 电压,向广大用户提供电能。根据用户用电量的大小,安装不同容量的配电变压器满足用户的用电需求。

配电变压器按照应用场合可分为公用变压器(简称"公变")和专用变压器(简称"专变")。公变由供电企业投资、管理,比如安装在居民小区的变压器、市政工程用变压器等;专变一般是业主投资,供电企业代管,只给投资的业主自己使用,比如安装在大中型企业的变压器等。

配电变压器按照材料、制造工艺可分为普通油浸式变压器、密封式油浸式变压器、卷铁芯变压器、干式变压器和非晶合金变压器等。

配电变压器的主要技术参数有:额定容量、额定电压、额定电流、阻抗电压、空载电流、空载损耗(铁损)、负载损耗(铜损)等。

柱上配电变压器应按"小容量、密布点、短半径"的原则配置,应尽量靠近负荷中心,根据需要也可采用单相变压器。配电变压器容量应根据负荷需要选取,并随负荷的增长轮换增容。不同类型供电区域的配电变压器容量选取一般应参照表 2-2。

表 2-2   10kV 柱上变压器容量推荐表

供电区域类型	三相柱上变压器容量(kVA)	单相柱上变压器容量(kVA)
A、B、C 类	≤400	≤100
D 类	≤315	≤50
E 类	≤100	≤30

注:在低电压问题突出的 E 类供电区域,亦可采用 35kV 配电化建设模式,35/0.38kV 配电变压器单台容量不宜超过 630kVA。

柱上变压器应满足以下技术要求:

(1)柱上变压器宜设于低压负荷中心,三相柱上变压器容量不应超过 400kVA,绕组联结组别宜选用 Dyn11,且三相均衡接入用户负荷。用地紧张处,可采取单相、三相小容量变压器单杆安装方式。

（2）农村地区居民分散居住、单相负荷为主地区宜选用单相变压器，容量为 10～50kVA，供电半径宜小于 50m 或供电户数不超过 5 户，居民电采暖地区单相变压器容量可提高至 100kVA，单相变压器应均衡接入三相线路中。

（3）当低压用电负荷时段性或季节性差异较大，平均负荷率比较低时，可选用非晶合金配电变压器或有载调容变压器。

（4）负荷及电压波动较大的配变台区，可选用有载调压配电变压器。

（5）柱上变压器应选用坚固耐候的低压综合配电箱，配电箱进线宜选择熔断器式隔离开关，出线开关应选用具有过流保护的断路器，用于低压 TT 系统的还应具备剩余电流保护功能；城镇区域（非 TT 系统）负荷密度较大，且仅供 1～2 回低压出线的情况下，为避免负荷波动较大或环境温度较高时断路器频繁跳闸，可取消出线断路器，简化保护配合，选择可箱外操作带弹簧储能的熔断器式隔离开关，并配置栅式熔丝片和相间隔弧保护装置。综合配电箱内还应配置具有计量、电能质量监测无功补偿控制、运行状态监控等功能的智能配变终端。三相变压器根据功率因数情况一般应配置自动无功补偿装置，低压以电缆线路为主的变压器台区可根据电压及功率因数情况不配置无功补偿装置；低压综合配电箱柜门宜安装带防误闭锁功能锁具。

（6）变压器进出线宜采用软交联聚乙烯绝缘导线或电力电缆。

（7）变压器容量选择应适度超前于负荷需求，并综合考虑配网经济运行水平，年最大负载率不宜低于 50%。

九、架空线路故障指示器

10kV 配网架空线路分支多、运行情况复杂，发生短路、接地故障时，故障区段（位置）难以确定，给抢修工作带来很大的困难，尤其是偏远地区，查找起来更是费时费力。线路故障指示器可以做到在线路发生故障时及时确定故障区段、并发出故障报警指示（或信息），大大缩短了故障区段查找时间，为快速排除故障、恢复正常供电，提供了有力保障。目前在运的架空线路故障指示器包括架空外施信号型远传故障指示器、架空暂态特征型远传故障指示器、架空暂态录波型远传故障指示器、架空外施信号型就地故障指示器、架空暂态特征型就地故障指示器五大类。

故障指示器应满足以下技术要求：

（1）中压架空线路故障指示器应具备故障动作后自动延时复位功能，并可带电装卸，宜选用机械翻牌式故障指示器，山区、林区等夜间不易查找的线路可选用闪光式故障指示器。

（2）线路故障指示器应能正确判断指示相间短路故障和单相接地故障，提高故障处理效率。具备远传功能的故障指示器还可通过检测注入信号或检测暂态信号等手段，实现故障区间的定位指示。

（3）中压架空线路干线分段处、较长支线首端、电缆支线首端、中压电力用户进线处应安装线路故障指示器。

第四节 10kV 配网电缆线路及设备

一、10kV 交联聚乙烯电力电缆

（一）电力电缆概述

电缆线路是指采用电缆输送电能的线路，它主要由电缆本体、电缆中间接头、电缆终端头等组成，还包括相应的土建设施，如电缆沟、排管、竖井、隧道等。电力电缆及终端头是旁路作业常用的元件。

电力电缆的基本结构由导体、绝缘层、护层（包括护套和外护层）三部分组成，如图 2－10 所示。中压电缆主绝缘包括内半导电屏蔽层、绝缘层、外半导电屏蔽层三层结构。电缆采用铜或铝作为导体；绝缘体包在导体外面起绝缘作用，可分为纸绝缘、橡皮绝缘和塑料绝缘三种；护套起保护绝缘层的作用，可分为铅包、铝包、铜包、不锈钢包和综合护套；外护层一般起承受机械外力或拉力作用，防止电缆受损，主要有钢带和钢丝两种。电缆终端头是电力电缆线路两端与其他电气设备连接的装置，如图 2－11 所示。

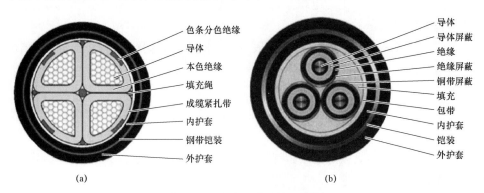

图 2－10 电力电缆结构示意图
（a）四芯低压电缆；（b）三芯中压电缆

常用电力电缆的分类方法如下：

（1）按电压等级分类。电压等级有两个数值，用斜杠分开，斜杠前的数值是相电压值，斜杠后的数值是线电压值，中低压配电网中常用电缆的电压等级有 0.6/1、3.6/6、6/10、8.7/10、8.7/15、12/20、18/20、18/30 等。

（2）按导体材料分类。电力电缆分为铜芯电缆和铝芯电缆两种。

（3）按导体标称截面积分类。我国电力电缆的标称截面积系列为：1.5、2.5、4、6、10、16、25、35、50、70、95、120、150、185、240、300、400mm² 等。

（4）按导体芯数分类。电力电缆导体芯数有单芯、二芯、三芯、四芯和五芯共五种，四芯或五芯的中性线和保护线可与相线的截面相同或不同，中压电缆多为单芯和三芯。

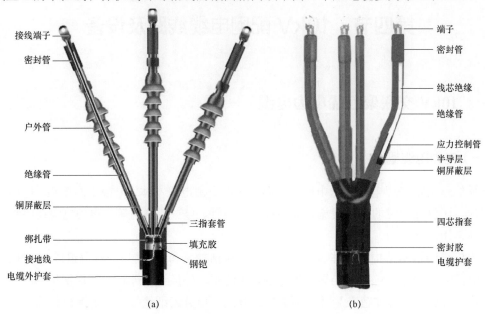

图 2－11　电缆终端头

（a）中压电缆终端头；（b）低压四芯电缆头

（5）按绝缘材料分类。电力电缆分为油浸纸绝缘电缆和塑料挤包绝缘电缆。

电力电缆的型号表示方法如下：

（1）用汉语拼音第一个字母的大写分别表示绝缘种类、导体材料、内护层材料和结构特点。

（2）用数字表示外护层构成，有两位数字。第一位数表示铠装，无数字代表无铠装层；第二位数表示外被，无数字代表无外被层。

（3）电缆型号按电缆结构的排列一般依下列次序：绝缘材料、导体材料、内护层、外护层。

（4）电缆产品用型号、额定电压和规格表示。其方法是在型号后加上说明额定电压、芯数和标称截面积的阿拉伯数字。

如 $VV_{42}-10-3\times50$，表示铜芯、聚氯乙烯绝缘、粗钢线铠装、聚氯乙烯护套、额定电压 10kV、三芯、标称截面积为 50mm² 的电力电缆。

$YJV_{32}-1-4\times150$ 表示铜芯、交联聚乙烯绝缘、细钢丝铠装、聚氯乙烯护套、额定电压 1kV、四芯、标称截面积为 150mm² 电力电缆。

电缆的敷设方式应根据电压等级、最终数量、施工条件及初期投资等因素确定，主要的敷设方式有直埋敷设、排管敷设、电缆沟敷设、隧道敷设、桥架敷设、电缆竖井敷设、架空敷设、海底电缆敷设等。

（二）电力电缆施工与运维

城市配电网直接面向广大电力用户，是供电企业与电力用户联系的纽带。城市配电网由变（配）电站（室）、开关站、架空线路、电缆线路等电力设施和设备组成，涉及高压配电线路和变电站、中压配电线路和配变、低压配电线路、用户和分布式电源等四个紧密关联的层级。随着经济的发展和环境协调性要求的提升，城市中压配电网更多地采用电缆线路向用户提供电能。根据 Q/GDW 10370-2016《配电网技术导则》的规定，下列情况可采用电缆线路：

（1）依据市政规划，明确要求采用电缆线路且具备相应条件的地区。

（2）规划 A+、A 类供电区域及 B、C 类重要供电区域。

（3）走廊狭窄，架空线路难以通过而不能满足供电需求的地区。

（4）易受热带风暴侵袭的沿海地区。

（5）供电可靠性要求较高并具备条件的经济开发区。

（6）经过重点风景旅游区的区段。

（7）电网结构或运行安全的特殊需要。

10kV 电缆线路一般采用交联聚乙烯绝缘电力电缆，并根据使用环境采用具有防水、防蚁、阻燃等性能的外护套。变电站馈出至中压开关站的干线电缆截面不宜小于铜芯 $300mm^2$，馈出的双环、双射、单环网干线电缆截面不宜小于铜芯 $240mm^2$；其他专线、中压开关站馈出电缆和其他分支电缆的截面均应满足载流量及动、热稳定性的要求。双环、双射、单环电缆线路的最大负荷电流不应大于其额定载流量的 50%，转供时不应过载。

电缆通道根据建设规模可采用电缆隧道、排管、电缆沟或直埋敷设方式。其中，直埋敷设适用于敷设距离较短、数量较少、远期无增容或无更换电缆的场所，电缆主干线和重要负荷供电电缆不宜采用直埋方式。电缆平行敷设根数在 4 根以上时，可采用电缆排管；电缆排管首先考虑双层布设，路面较狭窄时依次考虑 3 层、4 层布设，规划 A+、A 类供电区域沿市政道路建设的电缆排管管孔一般不少于 12 孔，但不应超过 24 孔，同方向可预留 1-2 孔作为抢修备用。变电站及开关站出线或供电区域负荷密度较高的区域，可采用电缆隧道或电缆沟敷设方式。对于规划 A+、A、B 类供电区域，交通运输繁忙或地下工程管线设施较多的城市主干道、地下铁道、立体交叉等工程地段的电缆通道，可根据城市总体规划纳入综合管廊工程。此外，电缆通道建设改造应同时建设或预留通信光缆管孔或位置。

站室电缆沟（夹层）、竖井、隧道、管沟等非直埋敷设的电缆应选用阻燃电缆，对上述场所运行的非阻燃电缆应采取包绕防火包带或涂防火涂料等措施，电缆沟每隔适当的距离应采取防火隔离措施，电缆隧道中应设置防火墙或防火隔断，同时应满足防水、防盗等要求，并应具有相应排水措施。

排管敷设方式的电缆工井之间的距离应根据管材、电缆规划规格及牵引方式等多种因素确定，一般直线控制在 50m 左右，超过时应采取措施，避免牵引损伤电缆，排管管材应采用环保型材料。

电缆工井井盖宜采用双层结构，材质应满足载荷及环境要求，以及防盗、防水、防滑、防位移、防坠落等要求，同一地区的井盖尺寸、外观标识等应保持一致。

电缆通道由于特殊原因而不能保证最小敷设深度时，应采取辅助措施（如铺设钢板、混凝土包封、MPP 保护管等），防止电缆机械损伤。电缆直埋时应采取安全防护措施，通行机动车的重载地段，宜采用热浸塑钢管敷设，可预留 1~2 孔作事故备用，必要时选择合适的回填土，以降低热阻系数。

电缆通道内所有金属构件均应采用热镀锌防腐，采用耐腐蚀复合材料时，应满足承载力、防火性能等要求。如使用单芯电缆，应使用非铁磁性电缆支架。

直埋、排管敷设的地下电缆，敷设路径起、终点及转弯处，以及直线段每隔 20m 应设置电缆警示桩或行道警示砖，当电缆路径在绿化隔离带、灌木丛等位置时可延至每隔 50m 设置电缆警示桩。

（三）电力电缆常见故障与检修

1. 电缆故障产生的原因

电缆故障原因可大致归纳为以下几种。

（1）机械损伤。主要原因包括敷设安装时损伤、直接受外力作用造成的损坏、自然力造成的损坏等。

（2）绝缘受潮。造成电缆受潮的主要原因包括中间接头或终端头在结构上不密封或安装质量不良、电缆制造时金属护套有小空隙或裂缝、金属护套因被外物刺伤或腐蚀穿孔等。

（3）绝缘老化变质。电缆绝缘长期在电的作用下工作，要受到伴随而来的热能、化学能、机械能的作用，从而使绝缘介质发生物理及化学变化，使介质的绝缘水平下降。

（4）过电压击穿。大气过电压与内部过电压使电缆绝缘层击穿，形成故障。

（5）护层的腐蚀。由于地下酸碱腐蚀、杂散电流的影响，使电缆铅包外皮受腐蚀出现麻点、开裂或穿孔，导致故障。

（6）中间接头和终端头的设计和制作工艺问题。中间接头和终端头的设计不周密，材料选用不当、电场分布考虑不合理，机械强度不够是设计的主要薄弱点，工艺不良、不按规程要求制作等，容易造成电缆头故障。

（7）材料缺陷。主要表现在电缆制造的问题、电缆附件制造上的缺陷、绝缘材料的维护管理不当三个方面。

2. 电缆故障性质分类

根据电缆故障电阻与线芯通断情况可把电缆的故障性质分为以下四类。

（1）低阻（短路）故障。电缆导体一芯（或数芯）对地绝缘电阻或导体芯与芯之间的绝缘电阻低于 200Ω，而导体连续性良好。一般常见的故障有单相、两相或三相短路或接地。

（2）高阻故障。电缆导体有一芯（或数芯）对地绝缘电阻或导体芯与芯之间的绝缘电阻大大低于正常值但高于 200Ω，而导体连续性良好。一般常见的有单相接地、两相或三相高阻短路并接地。

（3）开路（断线）故障。电缆导体有一芯（或数芯）不连续。在实际测量中发现，除电缆的全长开路外，开路故障一般同时伴随着高阻或低阻接地现象，单纯开路而不接地的现象几乎没有。

（4）闪络性故障。这类故障绝缘电阻很高，用绝缘兆欧表不能被发现，大多数在预防性耐压试验时发生，并多出现于电缆中间接头或终端头内，有时在接近所要求的试验电压时击穿，然后又恢复，有时会连续击穿，间隔时间数秒至数分钟不等。

3. 电缆检修注意事项

电力电缆作为电力线路的一部分，因其故障概率低、安全可靠、出线灵活而得到广泛应用。但是一旦出故障，检修难度较大，危险性也大，因此在检修、试验时需做好安全措施。

（1）工作前准备工作。电力电缆停电工作应填用配电第一种工作票，不需停电的工作应填用配电第二种工作票。工作前应详细查阅有关的路径图、排列图及隐蔽工程的图纸资料，必须详细核对电缆名称，标示牌是否与工作票所写的相符，在安全措施正确可靠后方可开始工作。

（2）工作中注意事项。终端头故障及电缆表面有明显故障点的电缆。这类电缆故障，故障迹象较明显，容易确认。

电缆表面没有暴露出故障点的电缆。对于这类电缆故障，除检查历史资料、核实电缆名称外，还必须用电缆识别仪进行识别，使其与其他运行中的带电电缆区别开来，尤其是在同一断面内有多路电缆时，严格区分需检修的电缆与其他带电的电缆尤为重要。同时可有效地防止由于电缆标牌挂错而导致误断带电电缆事故的发生。

锯断电缆必须有可靠的安全保护措施。锯断电缆前，必须证实该电缆确是需要切断的电缆且无电，然后，用接地的带绝缘柄（最好用环氧树脂柄）的铁钎钉入电缆线芯后，方可工作。扶绝缘柄的人应戴绝缘手套并站在绝缘垫上，应特别注意保证铁钎接地的良好。工作中如需移动电缆，则应小心，切忌蛮干，严防损伤其他运行中的电缆。电缆头务必按工艺要求安装，确保质量，不留缺陷和隐患。

电缆修复后，应认真核对电缆两端的相位，先去掉原先的相色标志，再装上正确的相色标志，以防新旧相色混淆。

（3）高压试验注意事项。电缆高压试验应严格遵守《安全工作规程》。即使在现场工作条件较差的情况下，对安全的要求也不能有丝毫的怠慢。分工必须明确，安全注意事项应详细布置。试验现场应装设封闭式遮拦或围栏，向外悬挂"止步，高压危险！"标识牌，并派人看守。电缆另一端须派人看守，并保持通讯畅通，以防发生突发事件。试验装置、接线应符合安全要求，操作必须规范。试验时应集中注意力，操作人员应站在绝缘垫上。变更接线或试验结束时，应先断开试验电源，逐相充分放电，并将高压设备的升压部分短路接地。高压直流试验时，变更接线或试验结束时均应将电缆对地逐相充分放电并短路接地后，方可接触电缆。

（4）其他注意事项。打开电缆井或电缆沟盖板时，应做好防止坠落的安全措施。井的四周应布置好围栏，设置明显的警告标志，并且设置路锥及标示牌防止车辆误入。夜间，电缆井应设红灯警示，防止行人或车辆落入井内。进入电缆井前，应先通风，再检测，井内工作人员应戴防毒面具，并做好防火、防水及防高空落物等措施，井口应有专人看守。

二、配电站（所）及设备

电缆线路设备主要包括开关站、环网室（箱）、配电室、箱式变电站、中压电缆分支箱等。

（一）开关站

10kV 开关站又称开闭所，是城市配电网的重要组成部分。主要作用是加强配电网的联络控制，提高配电网供电的灵活性和可靠性，是电缆线路的联络和支线节点，同时还具备变电所 10kV 母线的延伸作用。在不改变电压等级的情况下，对电能进行二次分配，为周围的用户提供电源。10kV 开闭所具有的这些功能，使得其在配电网中的应用越来越普遍。

在 10kV 配电网中，合理设置开关站，可加强对配电网的联络控制，提高配电网运行方式的灵活性。特别是遇到线路、设备检修或发生故障时，开关站运行方式和操作灵活性的优势就能体现出来，可通过一定的倒闸操作使停电范围缩到最小，甚至不停电。同时，开关站一般都有来自不同变电站或同一变电站不同 10kV 母线的两路或多路相互独立的可靠电源，能为用户提供双电源，以确保重要用户的可靠供电。因此，在重要用户附近或电网联络部位应设置开关站。如政府机关、电信枢纽、重要大楼、重要宾馆等处。

开关站（开闭所）内有大量的 10kV 开关柜等高压设备，这些设备对环境的要求较高。为便于管理，要求开关站（开闭所）设置在通道顺畅、巡视检修方便，电缆进出方便的地方。一般情况下要求开关站（开闭所）设置在单独的建筑物中，或附设在建筑物一楼的群房中，尽量不要将开关站（开闭所）设置在大楼的地下室内。

（二）环网室（环网箱）

环网室又称环网箱，环网箱安装于户外，由多面环网柜组成，有外箱壳防护，是用于 10kV 电缆线路环进环出及分接负荷、且不含配电变压器的户内配电设备及土建设施的总称。

根据环网室（箱）的负荷性质，中压供电电源可采用双电源或单电源，一般进线及环出线采用负荷开关，配出线路根据电网情况及负荷性质采用负荷开关或断路器。供电电源采用双电源时，一般配置两组环网柜，中压为两条独立母线。供电电源采用单电源时，按规划建设构成单环式接线，一般配置一组环网柜，中压为单条母线。环网柜宜优先设置于户内，环网柜结合电力用户建筑物建设或与电力用户配电室合建时，应具有独立的人员进出和检修通道，以便于巡视和故障应急处理，满足防小动物、防水、防凝露、防火等要求。环网柜中的负荷开关可采用真空或气体灭弧开关，如配置断路器宜采用真空开关，绝缘介质宜采用空气绝缘、气体绝缘等材料，环网柜宜优先采用环保型开关设备，宜具有电缆终端测温的功能。安装于户外箱壳内的环网柜应选择满足环境要求的小型化全绝缘、全封闭共箱型，并预留扩展自动化功能的空间。

（三）配电室

配电室一般配置双电源、两台变压器，10kV 侧一般采用环网开关，380/220V 侧为单母线分段接线。变压器接线组别一般采用 Dyn11，单台容量不宜超过 800kVA。

配电室的供电电源采用双电源时，一般配置两组环网柜，中压为两条独立母线，配出一般采用负荷开关–熔断器组合电器用于保护变压器，两台变压器，低压为单母线分段；供电电源采用单电源时，按规划建设构成单环式接线，一般配置一组环网柜，中压为单条母线，配出一般采用负荷开关–熔断器组合电器用于保护变压器，一台或两台变压器，低压采用单母线或单母线分段方式。

配电室选址原则上应设置在地面以上，尤其地势低洼、可能积水的场所不应设置配电室；如受条件所限，配电室可设置在地下，不应设置在最底层。配电室一般使用公建用房，建筑物的各种管道不得从配电室内穿过。非独立式或者建筑物地下配电室应选用干式变压器，加装金属屏蔽罩、配置减振降噪措施，满足防小动物、防水、防火等要求。

配电室距离道路不宜超过 30m，并预留便于应急电缆便捷、快速引入的路径及孔洞，应预留应急电源接口。

（四）箱式变电站

箱式变电站是指将高低压开关设备和变压器共同安装于一个封闭箱体内的户外配电装置，一般用于配电室建设改造困难的情况，如架空线路入地改造地区、配电室无法扩容改造的场所，以及施工用电、临时用电等，其单台变压器容量一般不宜超过 630kVA。箱式变电站具有以下特点：

（1）占地面积小。安装箱式变电站比建设同等规模的变电所能节省三分之二以上的占地面积。

（2）组合方式灵活。箱式变电站结构比较紧凑，每个箱构成一个独立系统，组合方式灵活多变，使用单位可根据实际情况自由组合模式，以满足不同场所的需要。

（3）外形美观，易与环境协调。箱体外壳可根据不同安装场所选用不同颜色，从而极易与周围环境协调一致，特别适用于城市居民住宅小区、车站、港口、机场、公园、绿化带等人口密集地区，它既可作为固定式变电所，也可作为移动式变电所。

（4）投资省、建设周期短。箱式变电站较同规模常规变电所减少投资 40%～50%，建设安装周期可大幅缩短，日常维护工作量较小，同时应预留应急电源接口。

（五）电缆分支箱

随着配电网电缆化进程的发展，当容量不大的独立负荷分布较集中时，可使用电缆分支箱进行电缆多分支的连接，因为分支箱不能直接对分支进行操作，仅作为电缆分支使用，电缆分支箱的主要作用是将电缆分接或转接。

1. 电缆分接作用

如果电源点和负荷距离较远，每一个负荷使用一条小面积电缆会造成工程费用增加，在电网设计时，使用大截面主干伸入负荷中心，然后使用电缆分支箱将主干电缆分成若干小面积电缆，由小面积电缆接入负荷。这样的接线方式广泛用于城市电网中的路灯等供电、小用户供电。

2. 电缆转接作用

在一条比较长的线路上，电缆的长度无法满足线路的要求，须使用电缆接头或者电缆转接箱，通常短距离时采用电缆中间接头，但线路比较长的时候，根据经验在 1000m 以上的电缆线路上，如果电缆中间有多中间接头，为了确保安全，会在其中加装电缆分支箱进行转接。

随着技术的进步，出现了带 SF_6 负荷开关的电缆分支箱，可实现开断负荷电流的功能，而且价格又低于环网柜，有便于维护试验和检修分支线路，减少停电经济损失，特别是在线路走廊和建配电房较困难的情况下，更显现其功能的优越性。

第三章

配网不停电作业基础知识与作业方法

第一节 配网不停电作业基础知识

在电力系统开展配网不停电作业与电气设备长期挂网运行有较大的区别，一个是间歇性的工作条件，另一个则是长期承受各种电压的考验。虽然电气设备长期在网运行时工作环境十分苛刻，但配网不停电作业是间歇性的工作状态，直接涉及人身安全，对安全要求反而更高，因此应对配网不停电作业的环境及条件进行十分周全地考虑。不仅要考虑一般工作状态，同时需要将配网不停电作业期间可能发生的各种不利状况考虑进去，以提高配网不停电作业的安全性和可靠性，减少不必要的安全事故。

配网不停电作业过程中有可能遭遇过电压，在考虑配网不停电作业绝缘配合时，原则上应有别于电气设备的正常工作状态。配网不停电作业中的过电压与绝缘配合，应根据配网不停电作业的实际工况，留有足够的安全裕度，向更安全的方向考虑。因此，研究过电压水平及限制措施、绝缘配合的原则和方法，是配网不停电作业技术研究的一个重要内容。

一、过电压

电力设备运行中，除承受工作电压外，还得承受可能出现的各种过电压。电力设备设计制造或电力系统运行，必须充分考虑这些过电压，进行合理的绝缘配合，才能保证电力系统的安全运行。同样，在带电作业过程中，无论是空气间隙或绝缘工具也必须按照各种过电压水平进行绝缘配合，才能保证其安全。

（一）正常运行时的工频电压

对任一电压等级的线路在正常运行时，其电压都不是一个固定值，是在一定的范围内变化的。这是由系统容量、负荷变化等原因造成的，甚至其他线路的故障都会造成正常运行线路电压波动。设备能正常运行时的最高工作电压比额定电压高出 10%～15%。所谓最高工作电压，是指制造厂根据该设备的绝缘条件，保证它可以长期稳定运行的线电压（或相电压）的有效值。

最高工作电压与额定电压的比值成为最高工作电压系数。不同电压等级，电压升高系数也不相同。我国规定的各电压等级系数如表 3-1 所示。

表 3-1　　　　　　　　　　各电压等级最高工作电压系数

额定电压（kV）	10	35	110	220	500
最高工作电压系数	1.15	1.15	1.15	1.15	1.1

带电作业时，工频电压长时间作用在电气设备和带电作业工具上，所以设计带电作业工具时，必须充分考虑工频电压对绝缘工具的热效应。

（二）内部过电压

内部过电压是系统内部由于断路器操作、系统故障或其他原因引起的电网电压升高。

内部过电压的能量来源于电网本身，所以它的形成与系统的接线方式、设备参数、故障性质及操作过程等因素有关，是在电力系统额定电压的基础上发展的，故其幅值随着电力系统额定电压的升高增大，通常用电力系统最高运行相电压幅值的倍数来表示。内部过电压的范围通常为最高运行相电压幅值的 2.2～4 倍。

1. 工频过电压

电力系统在正常或故障时可能出现幅值超过最大工作相电压，频率为工频或接近工频的电压升高，统称为工频过电压。出现工频过电压的原因为不对称接地故障、发电机突然甩负荷、空载长线路的容升效应等。它直接或间接地决定了电力系统的绝缘水平，如决定线路绝缘子串绝缘子个数、决定避雷器灭弧电压等。

不对称接地故障是线路常见的故障形式，其中以单相接地故障最多，引起的工频电压升高一般也最严重。在中性点不接地系统中，单相接地时非接地相的对地工频电压可升高到 1.9 倍相电压，甚至更高；在中性点接地系统中可升高 1.4 倍。

通常工频过电压是不衰减的，它一直持续到故障消除为止。工频过电压的幅值不大，所以对电气设备的绝缘和带电作业绝缘工具没有很大威胁。但因其持续时间较长，能量较大，所以通常作为带电作业绝缘工具泄漏距离计算的依据。

2. 谐振过电压

由于电力系统中电感与电容参数在特定配合下发生谐振引起的过电压，称为谐振过电压，例如线性谐振过电压，非线性（铁磁）谐振过电压，参数谐振过电压等。谐振过电压幅值较高，持续的时间较长。

3. 操作过电压

操作过电压产生的原因是断路器对线路或其他设备进行各种正常或故障分、合闸操作引起的电压振荡以及间歇性电弧短路、系统解列、中性点不接地系统的弧光接地等。例如切、合空载长线路过电压，切空载变压器过电压，工频过电压，电弧接地过电压等。操作过电压的特点是幅值较高、持续时间短、衰减快。

电力系统中常见的操作过电压有中性点不接地系统中的间歇性电弧接地过电压；开断电感性负载（空载变压器、电抗器、电动机等）过电压；开断电容性负载（空载线路、电容器组等）过电压；空载线路切合闸（包括重合闸）过电压以及系统解列过电压等。操作过电压的大小是确定带电作业安全距离的主要依据。

（1）空载线路切合（包括重合闸）过电压。切合电容性负载，如空载长线路（包括电缆）和改善系统功率的电容器组，由于电容的反向充放电，使断路器触头断口间发生了电弧的重燃。这是因为纯电容电流在相位上超前电压 90 度，过 1/4 周期电弧电流经 0 点时熄灭，但此时电压正好达到最大值，若开关断口弧隙的绝缘尚未恢复正常，电容电荷充积断口，再经过半周期电压反向达到最大值，并伴随高频振荡过程。按每重燃一次增加，理论上过电压将按 3、5、7、9 倍相电压增加。断路器如果灭弧性能好、断口间绝缘恢复迅速，不一定发生重燃，而每次重燃时也不一定是电压最大值时。母线有多条时比只有一条时产生的过电压小一些，另外线路上也有电晕和电阻损耗起阻尼作用。一般中性点直接接地或经消弧线圈接地的系统过电压小于中性点不接地系统过电压的最大值。

1）空载线路合闸过电压。空载线路的合闸有两种情况，即计划性的正常合闸操作和故障情况下的自动重合闸。由于初始条件的差别，特别是长线路故障下的重合闸过电压是合闸过电压中较为严重的。

正常合闸时，空载线路不存在接地，三相接线是对称的，线路上起始电压为零。断路器闭合时，线路等值电感和电容组成的回路发生高频振荡的过渡过程，线路上的电压最大值接近电源相电势最大值。

自动重合闸是指线路运行中发生短路故障，如中性点有效接地系统发生单相接地故障，继电保护系统控制跳闸后，短时间内再合闸。再合闸前，非故障相空载线路上有残余电荷，且电荷没有泄漏、衰减，如在电源电势极性改变并达到最大值时重合闸，非故障相上产生的振荡电压较高，残余电压叠加的结果使线电压最大幅值可达 3 倍工频稳态值。

2）切除空载长线路过电压。在切除空载线路过程中，如断路器开断，电弧熄灭后电流为零，线路上的残留电压达到最大值且维持不变，而断路器电源侧的电压仍按余弦规律变化，此时如果断路器触头间去游离能力很强，介质耐电强度恢复很快，则电弧不会重燃，线路被切除，无论在电源侧或线路侧都不会产生任何过电压；但是如果断路器灭弧性能较差，断口间电弧重燃，将会产生过电压。假如每隔半个工频周期断路器触头间电弧就重燃和熄灭一次，则过电压将按 3、5、7……的倍数级升。实际情况下，由于受到一系列因素的影响比如电弧燃烧、熄灭的偶然性与不稳定性，以及重燃相角、重燃次数、电网接线形式等，这种过电压是有一定限度的。

在中性点不接地或经消弧线圈接地系统中，由于断路器三相分闸的不同期性引起中性点对地电位发生偏移，切除长空载线路时的过电压比中性点直接接地系统高 20% 左右。

（2）开断感性负载过电压。电力系统中常有断开感性负载的操作，如投切空载变压器、电抗器及电动机等。切感性负载产生过电压的原因在于断路器分闸时的截流现象，造成电感元件（变压器绕组）电流突变感应电压升高。

进行切断空载变压器、电抗器、电动机、消弧线圈等电感性负载的操作时，储存在电感元件上的磁能要转化为电场能量，而系统又无足够的电容来吸收磁能，而且开关的灭弧性太强，励磁电流变化率（无穷大）在励磁电感 L 上感应过电压。其过电压倍数与断路器结构、回路参数、变压器接线结构、中性点接地方式等因素有关，220kV 及以下系统一般不考虑。

（3）间歇性电弧接地过电压。电弧接地过电压只发生在中性点不直接接地的电网中。在中性点不接地系统中，如果单相通过不稳定的电弧接地，即接地点的电弧间歇性的熄灭和重燃，则在电网非故障相和故障相上都会产生过电压，称为电弧接地过电压。电弧接地过电压一般不超过最高运行相电压的 3 倍，个别的可达 3.5 倍。消弧线圈可有效减小接地电流，从而抑制接地点电弧的间歇性熄灭和重燃。各电压等级最高工作电压、工频过电压、操作过电压的最大倍数如表 3-2 所示，10kV 系统的操作过电压按惯用值 44kV（有效值）计算。

表 3-2　　　　各电压等级最高工作电压、工频过电压、操作过电压的最大倍数

额定电压（kV）	10	35	110	220	500
最高工作电压（kV）	11.5	40.25	126.5	253	550
工频过电压倍数	1.4~1.9				
操作过电压倍数	4	4	3	3	2.18

（三）大气过电压

大气过电压又称雷电过电压，产生雷电过电压的原因有设备遭到直接雷击过电压或附近受到雷击而在设备上形成感应雷过电压或反击对设备放电造成过电压。

二、带电作业中的电压类型

电气设备在运行中可能受到的作用电压有正常运行条件下的工频电压、暂时过电压（包括工频电压升高）、操作过电压与雷电过电压。

规程规定"雷电天气时不得进行带电作业"。因此，带电作业时除不必考虑雷电过电压外，正常运行条件下的工频电压、暂时过电压（包括工频电压升高）和操作过电压的作用在带电作业时均应得到充分考虑。

正常运行条件下，工频电压可能会发生波动，且系统中各点的工频电压并不完全相等，系统中由于"长线容升效应"会使得某些点的电压比系统的标称电压高。由于各个电压等级下的电压升高系数不完全一样，一般 220kV 及以下电压等级的电压升高系数为 1.15（66kV 例外，为 1.1），330kV 及以上电压等级的电压升高系数为 1.1（750kV 为 1.067，±500kV 直流系统则为 1.03）。即设备最高电压与系统标称电压之比在 1.03~1.15 之间。

带电作业一般停用重合闸，在这种工况时，不考虑线路重合闸过电压，而带电作业没有停用重合闸时，则应考虑线路重合闸过电压。因此，带电作业时电力系统的运行状况是带电作业进行绝缘配合和安全防护的重要依据。

三、电介质特性

电介质是指不导电的物质即绝缘体，在工程上通称为绝缘材料。电介质的电阻率一般都

很高，电阻率超过 $10\Omega \cdot cm$ 的物质属于电介质。电介质按其形态分为气体、液体和固体三大类，与带电作业有关的电介质主要是气体电介质和固体电介质。

（一）电介质的电导与绝缘电阻

气体、液体、固体三类电介质的电导机理各不相同。在带电作业技术中采用的绝缘工器具都是固体电介质，因此下面重点介绍固体电介质的特性。

虽然电介质都是良好的绝缘体，但是对电介质施加电压后会有微小的电流通过，这微小的电流即为泄漏电流，它是电介质中的离子或电子在电场力的作用下产生定向移动的结果。

1. 固体电介质的电导与绝缘电阻

固体电介质在电场力的作用下产生正、负离子与电子，在较弱电场下，主要是离子电导；在强电场下，电介质中的电子有可能被激发参与电导。固体电介质的泄漏电流可分为表面电流和体积电流两部分，当施加电压后，一部分泄漏电流从介质表面流过，称为表面电流；另一部分泄漏电流从介质内部流过，称为体积电流。因而，固体电介质的电导也相应分为表面电导与体积电导。

通常使用绝缘电阻来表示介质的绝缘性能，绝缘电阻与电导互为倒数，体积电阻率作为选择绝缘材料的一个重要参数，通过测量体积电阻率来检查绝缘材料是否均匀。

2. 影响固体电介质泄漏电流的因素

由上可知，固体电介质的泄漏电流与介质本身的材料（如电阻率）和结构等有关，同时对于同一个电介质，其泄漏电流还与施加电压、介质温度和介质表面状况等因素有关。

（1）施加电压。对于绝缘良好的绝缘体，其泄漏电流与外加电压应是线性关系，但大量实验证明，泄漏电流与外加电压仅能在一定的电压范围内保持近似线性的关系；当电压达到一定值时，泄漏电流开始非线性地上升，绝缘电阻值随之下降；当电压超过一定值后，泄漏电流将急剧上升，绝缘电阻值急剧下降，最后导致绝缘破坏，直至介质击穿。

（2）介质温度。当电介质温度升高时，参与电导的离子数量增加，因而泄漏电流增大、电导增大、绝缘电阻降低。

（3）介质表面状况。电介质的表面泄漏电流与电介质表面的状况有密切的关系，如表面脏污和受潮等，污秽物质往往含有可溶于水的电离物质，如果同时有水分附着在介质表面，将会使电离物质溶解于水而形成导电离子，使介质的表面泄漏电流急剧增大；如果介质是亲水型的，介质表面很容易形成一层连续的水膜，由于水的电导很大，使表面泄漏电流急剧增大；如果介质是憎水型的，介质表面不能形成水膜，只能形成一些不相连的水珠，介质的表面泄漏电流不会增大。所以，绝缘材料或绝缘工具应选用憎水型的材料来制造。

固体电介质的泄漏电流大小不仅与施加电压、介质温度和介质表面状况有关，同时也受空气温度和湿度的影响，因此表面电流并不能反映绝缘内部的状况。体积电流因绝缘材料的不同而异，随温度升高、电场强度增大而增大，并随杂质增多而大幅度增大，因此体积电流可反映绝缘内部的状况。当绝缘局部有缺陷或者受潮时，泄漏电流也将急剧增加，其伏安特性也就不再呈线性了。因此，带电作业技术中通过泄漏电流试验和绝缘电阻测试，来判断绝缘是否有缺陷或受潮、脏污等。

3. 带电作业中的泄漏电流

在带电作业过程中，在带电体与接地体之间的各种通道上，绝缘材料在内、外因素影响下，会在其表面流过一定的电流，这种电流就是泄漏电流。这个电流值的大小与绝缘材料的材质、电压的高低、天气等因素有密切的关系，一般情况下，其数值都在几个微安级，因此对人体无明显影响。但是，如果在作业过程中空气湿度较大，或绝缘工具材质差、表面粗糙、保管不当受潮等将会导致泄漏电流增大，使作业人员产生明显的麻电感觉，对人员安全十分不利，应加以防范，以免酿成事故。

以地电位作业法为例，作业人员站在接地体（如铁塔、横担等）上，利用绝缘工具对带电导体进行检修作业，形成"大地－人体－绝缘工具－带电体"的电流回路。这时，通过人体的电流回路就是泄漏电流回路，沿绝缘工具流经人体的泄漏电流与带电设备的最高电压成正比，与绝缘工具和人体的串联回路阻抗成反比。而人体的电阻与绝缘工具的绝缘电阻相比是微不足道的，由此可见，流经人体的泄漏电流主要取决于绝缘工具。因此，绝缘工具越长，表面电阻越大，流经人体的泄漏电流越小。然而，带电作业过程中绝缘工具有时会出现泄漏电流增大的现象，主要原因是：

（1）空气中温度低或湿度大，使绝缘工具表面电阻下降。

（2）绝缘工具表面脏污或有汗水，使表面电阻下降。

（3）绝缘工具表面电阻不均匀，表面磨损，表面粗糙或有裂纹，使电场分布变形。当绝缘工具泄漏电流增大到一定值时，将出现起始电晕，最后导致沿面闪络，造成事故。

必须指出，即使泄漏电流未达到起始电晕数值，在某些情况下，将使作业人员有麻电感，甚至神经受刺激造成事故，因此应引起作业人员高度重视。

防止带电作业工具泄漏电流增大的措施有：

（1）选择电气性能优良、吸水性小的绝缘材料，如环氧酚醛玻璃布管（板）等。

（2）加强绝缘工具保管，严防受潮脏污。

（3）绝缘工具应加工精细、表面光洁，并涂以绝缘良好的面漆。

（4）水冲洗工具和雨天作业工具应使用经严格试验合格的专用工具。

（二）电介质的击穿强度与放电特性

在强电场作用下，电介质丧失电气绝缘能力而导电的现象称为击穿。作用在绝缘体上的电压超过某临界值时，绝缘将损坏而失去绝缘作用，反映绝缘材料击穿电压大小的数值称为绝缘强度。通常，电力设备的绝缘强度用击穿电压表示，而绝缘材料的绝缘强度则用平均击穿电场强度（简称击穿场强）来表示，击穿场强是指在规定的试验条件下，发生击穿的电压除以施加电压两电极之间的距离。

1. 固体电介质的特性

固体电介质击穿是在电场作用下，固体电介质失去绝缘能力，由绝缘状态突变为良导电状态的过程。均匀电场中，击穿电压与介质厚度之比称为击穿电场强度（简称击穿场强，又称介电强度），它反映固体电介质自身的耐电强度。不均匀电场中的击穿场强低于均匀电场中的击穿场强。带电作业常用介质的工频击穿强度见表 3-3。

表 3-3 带电作业常用介质的工频击穿强度（kV/cm）

介质	工频击穿强度	介质	工频击穿强度
环氧玻璃纤维制品	200～300	有机玻璃	180～220
聚乙烯	180～280	玻璃纤维	700
聚氯乙烯	100～200	电瓷	150～160
聚苯乙烯	200～300	硅橡胶	200～300
聚四氯乙烯	200～300	硫化橡胶	200～300
聚碳酸酯	170～220		

固体电介质击穿有三种形式：电击穿、热击穿和电化学击穿。

（1）电击穿，是因电场使电介质中积聚起足够数量和能量的带电质点而导致电介质失去绝缘性能。

（2）热击穿，是因在电场作用下，电介质内部热量积累、温度过高而导致电介质失去绝缘能力。

（3）电化学击穿，是在电场、温度等因素作用下，电介质发生缓慢的化学变化，致使电介质结构和性能发生了变化，最终丧失绝缘能力。固体电介质的化学变化通常使其电导增加，这会使介质的温度上升，因而电化学击穿的最终形式是热击穿。

温度和电压作用时间对电击穿的影响小，对热击穿和电化学击穿的影响大；电场局部不均匀性对热击穿的影响小，对电击穿和电化学击穿的影响大。

沿固体电介质表面和空气的分界面上发生的放电现象称为沿面放电，沿面放电发展成电极间贯穿性的击穿称为闪络。绝缘子表面闪络是典型的沿面放电，绝缘子遭雷击破裂则为击穿。在带电作业的绝缘工具中，需要考虑沿面放电特性的有绝缘杆、绝缘绳等，其工频闪络电压可参考表 3-4。

表 3-4 带电作业绝缘工具的工频闪络电压（有效值）

长度（m）	1	2	3	4	5
绝缘杆（kV）	320	640	940	1100	
绝缘绳（kV）	340	500	860	1020	1120

影响固体电介质击穿电压的主要因素有电场的不均匀程度、电压作用时间、温度、介质性能和结构、电压作用次数、机械负荷和受潮等。

（1）电场的不均匀程度。均匀、质密的固体电介质在均匀电场中的击穿场强可达 1～10MV/cm。击穿场强决定于物质的内部结构，与外界因素的关系较小。当电介质厚度增加时，由于电介质本身的不均匀性，击穿场强会下降。当厚度极小时（小于 10^{-4}～10^{-3}cm），击穿场强又会增加。电场越不均匀，击穿场强下降越多。电场局部加强处容易产生局部放电，在局部放电的长时间作用下，固体电介质将产生化学击穿。

（2）电压作用时间与作用类型。固体电介质的三种击穿形式与电压作用时间有密切关系。同一种固体电介质，在相同电场分布下，其雷电冲击击穿电压通常大于工频击穿电压，直流击穿电压也大于工频击穿电压。交流电压频率增高时，由于局部放电更强、介质损耗更大、发热严重，更易加速发生热击穿或导致电化学击穿。

（3）温度。当温度较低，处于电击穿范围内时，固体电介质的击穿场强与温度基本无关，当温度稍高，固体电介质可能发生热击穿，周围温度越高，散热条件越差，热击穿电压就越低。

（4）固体电介质性能和结构。工程用固体电介质往往不是很均匀、质密，其中的气孔或其他缺陷会使电场畸变，损害固体电介质，电介质厚度过大，会使电场分布不均匀，散热不易，降低击穿场强。固体电介质本身的导热性好，电导率或介质损耗小，则热击穿电压会提高。

（5）电压作用次数。当电压作用时间不够长，或电场强度不够高时，电介质中可能来不及发生完全击穿，而只发生不完全击穿，这种现象在极不均匀电场中和雷电冲击电压作用下特别显著。当在电压的多次作用下，一系列的不完全击穿将导致介质的完全击穿，这种效应称为累积效应。

（6）机械负荷。固体电介质承受机械负荷时，若材料开裂或出现微观裂缝，击穿电压将下降。

（7）受潮。固体电介质受潮后，击穿电压将下降。

2. 气体电介质的特性

气体电介质击穿是在电场作用下气体分子发生碰撞电离而导致电极间的贯穿性放电，雷电产生过程即为典型的空气击穿现象。气体电介质击穿包括电子碰撞游离、电子崩和流注放电等阶段。以棒-板间隙为例，在棒上施加电压，板极接地，由于棒极的曲率半径较小，其附近的电场较强，其他区域内的电场相对较弱。当间隙上施加的电压达到一定值时，首先在棒端局部电场内发生电子碰撞游离，形成电子崩并发展成流注，局部范围内的流注，只是使棒板尖端处出现电晕放电，其他区域内电场很弱，流注不会发展到贯通整个间隙，即间隙不会很快被击穿。随着施加电压的升高，电晕层逐渐扩大，当电压升高到一定程度时，在棒端出现了不规则的刷状细火花，最终导致整个间隙的完全击穿。

影响气体介质击穿的因素很多，主要有作用电压、电板形状、气体的性质及状态等。气体介质击穿常见的有直流电压击穿、工频电压击穿、高气压电击穿、冲击电压击穿、高真空电击穿、负电性气体击穿等。

带电作业涉及的气体介质主要是空气间隙，空气间隙是良好的绝缘体，空气间隙的绝缘水平是以它在电场作用下的起始放电电压来衡量的。空气间隙在工频交流电场中的平均放电梯度近似为400kV/m。空气间隙的绝缘水平与以下因素有关：

（1）电极形状。在球-球、棒-棒、棒-板、板-极四种典型电极中，球-球电极间的场强最均匀，它的绝缘水平最高，其他三种电极的场强都有畸变现象，它们的绝缘水平都较球-球间隙有所降低。

（2）电压波形。正弦波、操作冲击波、雷电冲击波及直流叠加操作波是带电作业中遇到的四种典型电压波形，实践证明，它们对空气间隙绝缘水平的影响有明显的差异。对于绝大多数的电极形状，负极性操作波的放电电压比正极性高，绝缘强度具有伏秒特性，耐受电压的能力因电压波形及作用时间不同而有差异。

不同电压波形的波头标志着不同瞬时值升高或降低的速率。雷电波的波头最短，其上升速率最快，作用时间也最短，故雷电波下的放电电压数值最高；操作波的波头范围介于雷电波和工频正弦波之间，它的放电电压高于工频正弦波而低于雷电波，工频正弦波的波头最长，放电电压最低。因此，正极性雷电冲击波对绝缘水平的影响最大。

（3）气象状况。温度和湿度都会不同程度地影响空气的绝缘强度。在电场强度和气压不变的条件下，如果温度升高了，分子的热运动势必增强，碰撞游离的速度加快，将会导致气体放电电压的下降。在相同的条件下，如果湿度增高了，空气中的水蒸气分子势必增多，分子的去游离速度加快，使气体的放电电压降低。空气间隙的击穿电压随着空气温度和湿度的增加而降低。因此，温度和湿度的高低对气体放电产生相反的效果。

在研究空气间隙放电特性时必须建立统计的观点，50%放电电压就是以统计的观点来表达某一空气间隙耐受操作冲击电压的平均绝缘性能。50%放电电压的含义是选定某一固定幅值的标准冲击电压，施加到一个空气间隙上，如果施加电压的次数足够多且该间隙被击穿的概率为50%时（即有50%的次数间隙被击穿），则所选定的电压即为该间隙的50%放电电压，并以 U_{50} 表示。大量的试验结果表明，空气间隙的 U_{50} 与操作冲击电压的波形有关，而且空气间隙的击穿一般都发生在波头时间内，即与波头时间 T_p 有密切关系，对于同一间隙，U_{50} 随波头的时间而变化，并在某一波头时间下出现最低值 U_{50min}，该波头称为临界波头。

四、带电作业中的绝缘配合

（一）带电作业中的绝缘类型

带电作业绝缘工具、装置和设备的绝缘一般可分为两类，一类为自恢复绝缘，另一类为非自恢复绝缘。严格地说，带电作业中除塔头空气间隙、组合间隙为自恢复绝缘之外，一般带电作业绝缘工具、装置和设备的绝缘均为非自恢复绝缘，如绝缘操作杆、绝缘支拉吊杆、绝缘硬梯、绝缘软梯、绝缘托瓶架、绝缘斗臂车的绝缘臂、带电清扫机的绝缘支架等。这类绝缘外表面为空气，当火花放电发生在固体绝缘的沿面时，火花放电过后，绝缘能自动恢复，而发生在固体绝缘内部的放电，则为不可逆的绝缘击穿。故可以认为，带电作业绝缘工具、装置和设备的绝缘为自恢复绝缘和非自恢复绝缘组成的复合绝缘。

（二）绝缘耐受能力

对于绝缘操作杆、绝缘支拉吊杆、绝缘硬梯、绝缘软梯、绝缘托瓶架、绝缘斗臂车的绝缘臂、带电清扫机的绝缘支架等带电作业绝缘工具、装置和设备进行绝缘试验时，在 50%放电电压下可能是非自恢复的，因为进行 50%放电电压试验时所施加的电压值较高，例如进行带电作业空气间隙的 50%放电电压试验，通常施加 40 次试验电压，其中约 20 次需闪络放电，在额定耐受电压下是自恢复绝缘的，不允许发生任何放电。对空气间隙、组合间隙的绝缘等自恢复绝缘进行 50%的破坏性放电试验，对带电作业用的工具、装置和设备绝缘等自恢复与非自恢复的复合型绝缘则进行 15 次冲击耐压试验。

（三）作用电压与耐受电压之间的配合

在 3～220kV 电压范围内的带电作业用工具、装置和设备，其基准绝缘水平是按额定雷电冲击耐受电压和额定短时工频耐受电压给出的。因此它能满足正常运行电压和暂时过电压的要求，所以对 3～220kV 电压范围内的带电作业用工具、装置和设备所进行的试验，只需进行短时工频电压试验，时间为 1min，这一电压等级范围内不规定操作冲击耐受试验。

在 330～750kV 电压范围内的带电作业用工具、装置和设备需进行两种类型电压的试验。一是进行较长时间的工频电压试验（产品的型式试验的持续时间为 5min、绝缘的预防性试验为 3min），其原因是在这一电压范围内，绝缘应考虑暂时过电压的幅值及持续时间，同时考虑内绝缘的老化及外绝缘耐受污秽性能的适应性；二是进行操作冲击电压试验，这里对空气间隙、组合间隙的绝缘等自恢复绝缘进行 50%的破坏性放电试验，而带电作业用的工具、装置和设备绝缘等自恢复与非自恢复的复合型绝缘则进行 15 次冲击耐压试验，不允许发生任何闪络放电，即通过 15 次冲击耐压试验的工具、装置和设备耐受概率更高。

（四）绝缘配合方法的选择

绝缘体在某些外界条件如加热、高电压等影响下，会被击穿而转化为导体。固体绝缘材料发生击穿一般都会失去绝缘性能，而且是不可逆转的；液体绝缘材料被击穿后会遗留残存物质（如游离碳），造成绝缘材料的整体绝缘水平下降；唯有气体绝缘材料被击穿后，经过极短的时间（分子流动、交换时间）即可自动恢复到击穿前的绝缘水平。因此，许多气体（如空气）被称作自恢复绝缘。带电作业中，人体对带电体保持一定的安全距离（空气间隙），正是充分利用了空气这种绝缘性能，为作业人员提供了安全保障。

绝缘体在运行中除了长期承受额定工频电压（工作电压）之外，还会受到波形、幅值、持续时间等不同的各种过电压（暂时过电压、操作过电压和雷电过电压等）的作用。在某一额定电压下，所选择的绝缘水平越低，则电气设备造价就越低，但是在过电压和工频电压作用下，会导致频繁的闪络和绝缘击穿事故，不能保证电网的安全运行，相反的，绝缘水平过高将使设备造价大大增加，造成浪费。另一方面，降低和限制过电压可降低对绝缘水平的要求，降低设备的造价，但由此也增加了过电压保护设备的投资。因此，采用何种过电压保护措施，使之在不增加过多投资的前提下，既限制了可能出现的高幅值过电压使系统可靠运行，又降低了对电力设施绝缘水平的要求并减少相应投资，这就需要处理好过电压、限压措施、绝缘水平三者之间的协调配合关系。

绝缘配合就是根据设备在电力系统中的各种电压水平和设备自身的耐受电压强度选择设备绝缘的做法，以便把各种电压所引起的绝缘损坏或影响的可能性降低到经济上和运行上能接受的水平。绝缘配合不仅要在技术上处理好各种电压、各种限压措施和设备绝缘水平三者间的配合关系，还要在经济上协调好投资费用、维护费用和事故损失三者之间的关系。系统中可能出现的各种过电压与电网结构、地区气象条件和污秽条件等密切相关，并具有随机性，因此绝缘配合就显得相当复杂，不可孤立。绝缘配合一般采用两种方法，即惯用法和统计法，由于统计法较复杂，所以在实际工作中往往采用简化统计法。

1. 惯用法

按惯用法进行绝缘配合时，需要确定作用于工具、装置和设备上的最大过电压，工具、装置和设备绝缘强度的最小值，以及它们两者之间的裕度。在确定裕度时，应尽量考虑可能出现的不确定因素，这里并不要求估计绝缘可能击穿的故障率，这种绝缘配合方法，类似于给出一定安全系数的做法。惯用法的适用范围是非自恢复绝缘和 220kV 及以下电压等级的电力系统。

惯用法是目前采用最广泛的绝缘配合方法，其基本出发点是使带电作业间隙或工具的最小击穿电压值高于系统可能出现的最大过电压值，并留有一定的安全裕度。

在绝缘配合惯用法中，系统最大过电压、绝缘耐受电压与安全裕度三者之间的关系见式（3-1）：

$$A = \frac{U_w}{U_{0,\max}} = \frac{U_w}{U_N \times \frac{\sqrt{2}}{\sqrt{3}} \times K_r K_1} \tag{3-1}$$

式中，A 为安全裕度；U_w 为绝缘的耐受电压，kV；$U_{0,\max}$ 为系统最大过电压，kV；U_N 为系统额定电压（有效值），kV；K_r 为电压升高系数；K_1 为系统过电压倍数。

2. 统计法

统计法是根据假定过电压和绝缘强度的概率分布函数是已知的或通过试验得到的，可利用在大量统计资料的基础上的过电压概率密度分布曲线，得到绝缘放电电压的概率密度分布曲线，然后用计算的方法求出由过电压引起绝缘损坏的故障概率，将允许的最大故障率作为绝缘设计的一个安全指标，在技术经济比较的基础上，正确地确定绝缘水平。

3. 简化统计法

由于实际工程中采用统计法进行绝缘配合是相当繁琐和困难的，因此通常采用"简化统计法"。由 IEC 推荐的简化统计法，是对过电压和绝缘电气强度的统计规律作出一些合理的假设，这就使得过电压和绝缘电气强度的概率分布曲线可用与某一参考概率相对应的点来表示，称为"统计过电压"和"统计绝缘耐压"。在此基础上可以计算绝缘的故障率。

绝缘配合的统计法至今只能用于自恢复绝缘，因而要得出非自恢复绝缘击穿电压的概率分布是非常困难的，通常对 220kV 及以下的自恢复绝缘均采用惯用法，而对 330kV 及以上的超高压自恢复绝缘才采用简化统计法进行绝缘配合。统计法、简化统计法适用于 330kV 及以上系统带电作业空气间隙、组合间隙及工具、装置和设备的操作过电压的绝缘配合。

五、安全距离

安全距离是指为了保证人身安全，作业人员与带电体、接地体之间应保持各种最小空气间隙距离的总称。具体地说，安全距离包括下列五种间隙距离：最小安全距离、最小对地安全距离、最小相间安全距离、最小安全作业距离和最小组合间隙。确定安全距离的原则，就是要保证在可能出现最大过电压的情况下，不致引起设备绝缘闪络、空气间隙放电或对人体放电等现象。

在确定带电作业安全距离时，过去基本上不考虑系统、设备和线路长短，一律按系统可能出现的最大过电压来确定。实际上，当线路长度、系统结构、设备状况和作业工况等不同时，线路的操作过电压会有较大差别。同时，如果在带电作业时停用自动重合闸，则带电作业时的实际过电压倍数将较系统中的最大过电压低。因此，在计算带电作业的安全距离和危险率时，应根据作业时的实际过电压倍数来分析计算。在实际作业中，如果无该线路的操作过电压计算数据和测量数据，则应按该系统可能出现的最大过电压倍数来确定安全距离。

1. 最小安全距离

最小安全距离是指地电位作业人员与带电体之间应保持的最小距离。带电作业最小安全距离包括带电作业最小电气间隙及人体允许活动范围。在 IEC 标准中，最小电气间隙是指带电作业工作点可防止发生电气击穿的最小间隙距离。最小间隙距离的确定受多种因素的影响，主要包括间隙外形、放电偏差、海拔、电压极性等，另外作业间隙的形状对放电电压有明显的影响，在正极性标准冲击电压下，棒－板结构的放电电压最低，其间隙系数为 0.1，间隙结构的不同直接影响到进入高电位的作业方式。试验结果表明：在同样的间隙距离下，处于等电位的模拟人对侧边构架的放电电压要高于对顶部构架的放电电压。正常情况下，人体与带电体的最小安全距离分别是 0.4m（海拔不超过 3000m 地区）和 0.6m（海拔 3000～4500m 地区）。

2. 最小对地安全距离

最小对地安全距离是指带电体上等电位作业人员与周围接地体之间应保持的最小距离。通常，带电体上等电位作业人员对地的安全距离等于地电位作业人员对带电体的最小安全距离。

3. 最小相间安全距离

最小相间安全距离是指带电体上作业人员与邻相带电体之间应保持的最小距离。

4. 最小安全作业距离

最小安全作业距离是指为了保证人身安全，考虑到工作中必要的活动，地电位作业人员在作业过程中与带电体之间应保持的最小距离。确定最小安全作业距离的基本原则是：在最小安全距离的基础上增加一个合理的人体活动范围增量，一般而言，增量可取 0.5m。

值得注意的是，带电作业时，安全距离的控制与作业人员的习惯、技术动作、站位、作业路径、个人安全意识等有关。所以一般认为，带电作业人员不宜从事停电检修的工作，从事配电线路带电作业的人员不宜从事输电线路带电作业，从事输电线路带电作业的人员不宜从事配电线路带电作业。

六、绝缘工具的有效绝缘长度

绝缘工具的有效绝缘长度是指绝缘工具在使用过程中遇到各类最大过电压不发生闪络、击穿，并有足够安全裕度的绝缘尺寸，是在带电作业工具设计和使用时的一项重要技术指标。

由于绝缘工具中往往有金属部件存在，计算时必须减去金属部件的长度，称之为绝缘工具的有效绝缘长度。

带电作业中，为了保证带电作业人员及设备的安全，除保证最小空气间隙外，带电作业所使用的绝缘工具的有效绝缘长度，也是保证作业安全的关键因素。试验证明，同样长度的空气间隙和绝缘工具作放电电压试验时，空气间隙的放电电压要高出 6%～10%，因此各电压等级绝缘工具有效绝缘长度按 1.1 倍的相对地安全距离值考虑。同时对于绝缘操作杆的有效绝缘长度，要考虑其使用中的磨损及在操作中前端可能向前越过一段距离，绝缘操作杆的有效绝缘长度须再增加 0.3m 以作补偿。10kV 绝缘操作工具的最小有效绝缘长度分别为 0.7m（海拔不超过 3000m 地区）和 0.9m（海拔 3000～4500m 地区），绝缘承力工具的最小有效绝缘长度为 0.4m（海拔不超过 3000m 地区）和 0.6m（海拔 3000～4500m 地区）。

七、良好绝缘子个数

在绝缘子串附近带电作业，绝缘子串本身的绝缘水平也影响着作业人员的安全。各电压等级设备使用的绝缘子串在干燥的气候条件下，其整串绝缘子的干闪电压有较大的裕度，即使有部分绝缘子失效，也可以维持安全运行的最低水平。因此，对于某一电压等级的绝缘子串在最大过电压下不发生干闪，并有足够安全裕度的绝缘子个数时，作业人员在绝缘子串两端（接地端或导线端）工作才是安全的。

10kV 配电线路上绝缘子串如采用 2 片 XP－7 玻璃绝缘子，绝缘子串两端距离约为 29cm，在空间上小于 0.4m 的最小安全距离。所以必须要注意的是：在 10kV 配电线路的耐张绝缘子串两端进行带电作业时，必须对接地端或导线端的异电位物体进行良好的绝缘遮蔽或隔离。如果需要更换绝缘子，作业人员必须对整个绝缘子串进行严密的绝缘遮蔽，另外必须注意站位、对绝缘子的接触部位、动作幅度及绝缘手套外部防刺穿手套的状况，以防人体短接良好绝缘子串引起人身安全事故。

第二节　带电作业基本方法

按照人体与带电体的电位关系，带电作业可划分为地电位作业法、中间电位作业法和等电位作业法三类；按照人体与带电体的位置关系，可划分为间接作业法和直接作业法两类。其中，地电位作业法和中间电位作业法属于间接作业法，等电位作业法属于直接作业法。

一、地电位作业法

地电位作业法是指人体处于地电位（零电位）状态下，使用绝缘工具间接接触带电设备，来达到检修目的的方法。为保证人身安全，需保证绝缘工具的有效绝缘长度，将流经人体的泄漏电流控制在 1mA 以下，并保证人身对带电体的安全距离不低于 0.7m（10kV）、1.0m

（110kV）和 1.8m（220kV）。

　　绝缘工具包括承载工具、固定工具、操作工具和遮蔽工具。其中，承载工具是指承担导线的垂直载荷或水平载荷所使用的工具，固定工具是指在承载工具支持点所用的工具，操作工具是操作人员手臂的延长，代替人手对设备部件进行拆卸和连接等各种工作。

二、中间电位作业法

　　中间电位法通过两部分绝缘体将人体与接地体和带电体隔开，并依靠人体对带电体、接地体的组合间隙，来防止带电体通过人体对接地体放电。

　　中间电位作业法的作业形式包括内空间作业和外空间作业两种。内空间作业是指在导线与横担和杆塔（构架）之间的空间内作业，其特点是作业人员占据了设备的净空距离，组合间隙是确定作业安全水平的主要标准，因此适用于大净空距离带电设备上的作业。在杆塔上安装水平梯、转梯等绝缘承载工具，作业人员使用较短的操作杆处理接点发热、紧螺栓、拆装连接金具、更换绝缘子等均属于内空间作业。外空间作业是指在导线以外距杆塔较远的空间里作业，其特点是作业人员虽然存在对带电体和接地体之间的空间距离，但并不影响设备的净空距离，其组合间隙距离远超设备的净空距离，因此适用于小净空距离带电设备上的作业。在带电设备外侧使用绝缘斗臂车、绝缘立梯、绝缘人字梯等绝缘承载工具，作业人员使用较短的操作杆处理接点发热、断接引线、更换绝缘子、处理导线损伤等均属于外空间作业。

　　在 330kV 以上带电设备上采用中间电位法进行作业时，由于电场强度较高，作业人员需穿屏蔽服进行电场防护。

三、等电位作业法

　　等电位作业法是指人体与带电体处于同一电位下，人体直接接触设备带电部位进行作业的方法，是输电线路带电作业中常用的作业方法之一，也称为直接作业法。一般而言，电压等级越高，采用等电位作业法的效率和安全性也越高。在 220kV 及以上设备上常用该方法开展带电作业。

　　等电位作业人员沿绝缘体进入高电位的过程中，人体与带电体间有一空气间隙，就相当于出现了电容器的两个极板，随着人体与带电体的逐步靠近，感应作用也逐渐强烈，人体与导线之间的局部电场越来越高。当人体与带电体之间距离减小到场强足以使空气发生游离时，带电体与人体之间将发生放电，此时有较大的暂态电容放电电流流过，当人体完全接触带电体后，中和过程完成，人体与带电体达到同一电位。在作业人员脱离带电体时，静电感应现象也会同时出现，当场强高到足以使空气发生游离时，带电体与人体之间又将发生放电。在等电位过程中每次移动作业位置时，如果人体没有与带电体保持同一电位，都会出现充电和放电的过程。所以就要求等电位作业人员，在进行电位转移时动作要迅速，应尽量用手、脚等动作灵敏的部位进行充、放电，以缩短放电时间，防止电弧烧坏屏蔽服。同时等电位作业人员在进行电位转移时，应得到工作负责人（专责监护人）的同意，并防止头部等要害部位充放电。750kV 及以上电压等级还应使用电位转移棒进行电位转移。

等电位作业法时，人体进入电场的方式主要有以下六种：

1. 绝缘竖梯进入法

作业人员沿直立式绝缘竖梯进入电场的方法叫做绝缘竖梯进入法。绝缘竖梯包括绝缘单梯、绝缘人字梯、绝缘独脚梯、绝缘升降梯、绝缘平台等，直立绝缘竖梯以地面为依托组立，适合用于导线对地距离较小或断股损伤、截面较小不宜悬挂软梯的导、地线，常用于变电站内的带电作业。直立绝缘竖梯使用时，应根据高度不同设置 1~3 层四方绝缘拉绳。如因场地限制，不能满足要求时，必须利用建筑物设法牢固固定，严禁以移动物体作为锚固点。直立式竖梯的竖立或放倒应使用绝缘绳控制，防止突然倾倒。

2. 绝缘挂梯进入法

作业人员沿绝缘挂梯进入电场的方法叫做绝缘挂梯进入法。绝缘挂梯包括软质绝缘挂梯和硬质绝缘挂梯，以绝缘软梯应用最为广泛。绝缘挂梯是以导、地线或横担为依托悬挂，使用前应核对导、地线截面，必要时还应验算其强度，并考虑挂梯作业过程导、地线增加集中荷载后，对地以及交叉跨越物的安全距离是否满足要求。等电位电工登梯时，地面电工应将绝缘软梯拉直，使梯身尽量垂直于地面。绝缘软梯的优点是作业方便、操作灵活轻巧、运输方便、安全可靠，在输电线路带电作业中使用较广。其缺点是悬挂点较高时等电位电工攀登体力消耗较大，需依托导、地线悬挂，如果架空线截面小或损伤严重时就无法进行挂梯作业。

3. 绝缘水平梯进入法

作业人员沿绝缘水平梯、转动平梯进入电场的方法叫做绝缘水平梯进入法。沿绝缘水平梯进入电场作业使用的绝缘平梯，通常是在端部设置导线挂钩或绝缘吊拉绳，使用时一端固定在杆塔的适当位置，另一端挂住导、地线或使用绝缘吊拉绳悬吊控制，如使用吊拉绳时吊拉绳与绝缘平梯的夹角应大于 30°，如使用的绝缘平梯较长时，梯身中部位置应增设吊拉绳。这种方法简单方便，作业人员体力消耗小，不受悬挂高度的限制，对导线的应力和弧垂影响极小，很适合在杆塔附近的导线上进行的等电位作业。等电位电工沿绝缘平梯进入电场时，宜采用骑马式移动至梯头，每次移动距离不能太长。如因设备限制，沿平梯通道进入电场的安全距离或组合间隙不能满足规程要求时，也可采用转动平梯进入电场，转动平梯一般平行于导线安装，平梯的前端设置吊拉绳和转动控制绳，作业时等电位电工先沿平梯移动至前端坐稳，地面电工利用转动控制绳，拉动平梯将梯身旋转至带电体附近稳固后，等电位电工进入电场。

4. 吊篮进入法

利用绝缘吊篮、吊椅、吊梯等将作业人员送入电场进行等电位作业的方法叫做吊篮进入法。乘吊篮（座椅）进入电场的作业方式，一般适用于 220~500kV 杆塔高、线间距离大的直线塔等电位作业。吊篮（座椅）通常由 2 根绝缘吊拉绳和 1 个绝缘滑车组控制，绝缘吊拉绳固定在绝缘子串挂点横担附近，绝缘吊拉绳的长度应经准确计算或实际测量，保证等电位电工进入电场后头部不超过导线侧第一片绝缘子。作业时绝缘滑车组由杆塔上电工负责控制，先处于收紧状态，等电位电工在吊篮（座椅）上坐稳并系好安全带后，绝缘滑车组再缓缓松出，等电位电工沿绝缘吊拉绳摆动轨迹进入电场。采用此种作业方式时，应充分考虑等电位电工移动轨迹上的多个组合间隙均应满足规程要求。

5. 沿绝缘子串进入法

沿绝缘子串进入电场是一种特殊的作业方式，不借助任何绝缘工具，而是利用绝缘子串作为进入电场的载体，一般适用于 220kV 及以上电压等级的耐张绝缘子串。作业时，等电位电工身体与绝缘子串垂直，脚踩其中一串绝缘子手扶另一串绝缘子，手脚在绝缘子串上的位置保持对应一致，通常采用"跨二短三"的方法，短接的绝缘子一般不超过 3 片，当扣除被短接片数后良好绝缘子片数能够满足要求，短接片数可适当增加。采用此方法进行作业时，组合间隙应满足规程要求。

6. 绝缘斗臂车进入法

利用绝缘斗臂车将作业人员送入电场进行等电位作业的方法叫做绝缘斗臂车进入法。作业时，绝缘斗将等电位电工及其作业工器具送至等电位作业位置。由于等电位作业人员不占据杆塔内空间位置，所以组合间隙有较大的安全裕度。对于净空距离较大的杆塔，在满足组合间隙要求时，也可以从内空间将作业人员送入电场。绝缘斗臂车由于其机械化程度较高，减轻了作业人员的劳动强度，在安全和效率上是比较理想的带电作业工具，但在山区、农村等道路条件较差的地区，其使用将受限。

第三节　配电线路带电作业方法及原理

在输电线路带电作业中，空间电场强度高，作业间隙大，作业人员穿屏蔽服进入高电位并采用等电位作业法进行检修和维护是一种安全、便利的作业方式。但在配电线路带电作业中，由于配电网电压等级低，三相导线之间的空间距离小，而且配电设施密集，使作业范围变小，在人体正常活动范围内很容易触及不同电位的电力设施。因此，当作业人员身穿屏蔽服，采用直接接触带电体的等电位作业方式进行配电线路带电作业时，可能会产生以下后果：

（1）可能造成相间短路。当带电体未遮蔽或遮蔽不严密时，身穿屏蔽服的作业人员在相间作业（如修补导线）时，若动作幅度大，就可能同时接触两相带电体，屏蔽服的金属网会导致相间短路，较大的相间短路电流将通过屏蔽服，不仅造成设备短路，而且会因短路电流超过屏蔽服通流容量（Ⅰ型屏蔽服为5A、Ⅱ型屏蔽服为30A），直接造成人员伤亡事故。

（2）可能造成相对地短路。在配电线路杆塔上进行更换绝缘子、横担等作业时，若作业人员穿戴全套屏蔽服，采用等电位作业方式，身体的不同部位有可能同时接触带电体和接地体，导致单相接地。尽管 10kV 配电系统大多采用中性点不接地或经消弧线圈接地的运行方式，但若线路较长或接有一定长度的电缆，三相电容电流也会超过屏蔽服的通流容量，造成人员伤亡事故。

综上所述，在配电线路带电作业中，不宜采用穿屏蔽服进行等电位作业方式，而应穿戴绝缘防护用具，采用主、辅绝缘相结合，多层后备绝缘防护的安全作业方式。

在配电线路带电作业中，采用的作业方法主要有绝缘杆间接作业法和绝缘手套直接作业法，以上两种作业方法，均需对作业人员可能触及范围内的带电体和接地体进行绝缘遮蔽。

45

在作业范围窄小，电气设备密集处，为保证作业人员对相邻带电体和接地体的有效隔离，在适当位置还应装设绝缘隔板等限制作业人员的活动范围。

绝缘杆间接作业法和绝缘手套直接作业法是相辅相成的，在配网不停电作业中是很难区分它们的优劣。在复杂的、特殊的项目中，往往要使用绝缘杆间接作业法和绝缘手套直接作业法相配合才能完成。

一、绝缘杆作业法

绝缘杆间接作业法采用以绝缘工具为主绝缘，安全防护用具（如绝缘服、绝缘手套、绝缘裤、绝缘靴等）为辅助绝缘的间接作业法。

作业人员通常使用脚扣、升降板登杆至适当位置，系上安全带，保持与带电体电压相适应的安全距离，作业人员应用端部装配有不同工具附件的绝缘操作杆进行作业，这种作业，杆上作业人员虽然穿着一般意义上的绝缘鞋，但身体其他部位还是会和电杆碰触，所以忽略其绝缘防护的作用。杆上作业人员可看作始终处在地电位状态。绝缘杆间接作业法的登高方式采取脚扣和升降板，主要针对乡村道路绝缘斗臂车无法进入、无法停放时采取的一种有效补充措施，也是带电作业发展初始阶段县级及以下供电部门提高供电可靠性的重要手段，但其机动性、便利性及空中作业范围不及绝缘斗臂车绝缘手套直接作业法。现场监护人员主要监护作业人员与带电体的安全距离、工作中绝缘工具的最小有效绝缘长度以及作业前应严格检查所用工具的电气绝缘强度和机械强度。

在作业范围窄小或多回线路同杆架设时、作业人员有可能触及不同电位的电力设施时，作业人员应穿戴全套安全防护用具，并使用绝缘遮蔽、隔离用具对带电体进行绝缘遮蔽或隔离。作业中，杆上作业人员与带电体的关系是：大地（杆塔）→作业人员→绝缘杆（绝缘手套）→带电体。这时，通过人体的电流有两个回路：一是带电体→绝缘杆（绝缘手套）→人体→大地，构成泄漏电流回路，其中绝缘杆为主绝缘，绝缘手套为辅助绝缘；二是带电体→空气（绝缘体）→人体→大地，构成电容电流回路，其中空气为主绝缘。这两个回路电流都经过人体流入大地。必须说明，电容电流回路不仅是工作相导线有，其他两相导线对人体也有，但距离较远，电容电流很小，可忽略不计，从而使问题得到简化。绝缘杆作业法等值电路如图3-1所示。

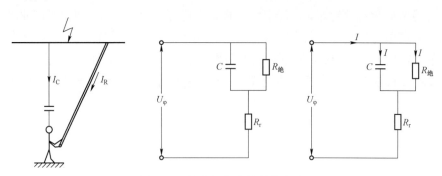

图3-1　绝缘杆作业法等值电路

由于杆上作业人员人体电阻 R_r 比绝缘杆和绝缘手套（主绝缘和辅助绝缘）的绝缘电阻 $R_绝$ 和人体与导线间的容抗 X_c 都要小得多，人体电阻可以忽略不计。从上面的电路图可知，流过人体的电流为绝缘杆、绝缘手套的泄漏电流和导体对人体的电容电流的相量和。

实践表明，人体电容电流是微安级的数量，远远小于人体的安全电流。总的来看，绝缘杆作业法带电作业时只要人体与带电体保持足够的安全距离，使用绝缘性能良好的绝缘工具进行作业，通过人体的泄漏电流和电容电流都非常小（微安级电流），它们的相量相加也非常小。这样的小电流人体是感觉不到的，对人体毫无影响，从理论上说是十分安全的。但是必须指出，绝缘工具的绝缘性能和绝缘状态是直接关系到操作人员生命安全的，如果表面脏污、有汗水、盐分存在或绝缘严重受潮，那么泄漏电流将大大增加，就可能由于人为的疏忽造成麻电感觉甚至触电事故。因此，在绝缘工具制作时要注意表面绝缘处理，使用时要保持表面干燥洁净，并注意妥善保管防污防潮。

绝缘杆作业法也可应用在绝缘斗臂车或绝缘平台上，用于多回路装置或复杂装置上作为人手操作的延长部分，对难以直接到达的部位进行操作。可用于在断、接引线时，当空载线路具有较大电容电流但还不需要使用专用消弧设备时，使引线接入或脱离带电设备。可用于更换绝缘已破坏（具有较大的泄漏电流，但还未造成明显的短路）设备时，使设备脱离带电线路等。

保证绝缘杆作业法安全的基本条件有两条：

（1）工具的可靠绝缘性能；

（2）满足最小的空气间隙，即安全距离。一般来说，空气是绝缘体，它在间接作业中起天然屏障的作用，失去它的保护是非常危险的。

二、绝缘手套作业法

作业人员站在绝缘斗臂车绝缘斗中或绝缘平台上，戴上绝缘手套直接接触带电体进行作业称为绝缘手套作业法。此时，绝缘斗臂车或绝缘平台作为带电导体与大地间的主绝缘，绝缘手套、绝缘衣和绝缘靴等安全防护用具以及其他绝缘遮蔽、隔离用具作为辅助绝缘。

作业人员在作业时，忽略另两相带电导体对人体的影响，计算经过人体电流的等值电路图如图 3-2 所示：

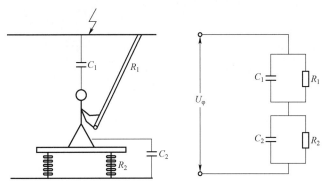

图 3-2　绝缘手套直接作业法等值电路

图 3-2 中，C_1 为带电体对人体经空气间隙构成的电容量，R_1 为绝缘手套的绝缘电阻，R_r 为人体电阻，R_2 为绝缘斗臂车或绝缘平台的绝缘电阻。由于 R_r 远小于 R_2 可忽略不计，所以为简化分析，可以看到，通过人体的电流的大小主要取决于绝缘斗臂车或绝缘平台的绝缘性能。

（一）绝缘平台作业法

绝缘平台通常以绝缘人字梯、独脚梯、绝缘斗、绝缘支架等构成，图 3-3、图 3-4 是常见的 2 种绝缘平台。作业时，绝缘平台起着相对地之间的主绝缘作用，如图 3-5、图 3-6 所示。在被检修相或设备上作业之前，必须采用绝缘遮蔽和隔离用具对相邻相带电体及邻近地电位物体进行遮蔽或隔离。同时，作业人员必须穿戴全套绝缘防护用具，绝缘手套外应再套上防磨或防刺穿的防护手套（如较软的羊皮手套）。

图 3-3　绝缘平台

图 3-4　绝缘平台

图 3-5　绝缘平台作业法

图 3-6　绝缘平台作业法

（二）绝缘斗臂车作业法

绝缘斗臂车又称绝缘高架车，它是带电作业的一种专用车辆。载人绝缘斗安装于一根能伸缩的绝缘臂上，绝缘臂又装在一个可以旋转的水平台上。悬臂由单根或双根液压缸支持，可以在铅垂面内改变角度，可平行电线或电杆作水平或垂直移动。因此，绝缘斗能在一定高度下到达一定半径内所选择的任意位置接近带电体。它具有升空便利、机动性强、作业范围大、机械强度高、电气绝缘性能高、劳动强度低等优点，适合交通方便的城市和郊区的带电作业。带电作业绝缘斗臂车自 20 世纪 30 年代在欧美国家开始研制，到 50 年代以后在输、配电线路带电作业中得到广泛的应用。但绝缘斗臂车也有它的局限性，如城市中的小街、小巷、农村、山区等地，绝缘斗臂车开不进去，这就限制了它的作业范围。

绝缘斗臂车的绝缘臂具有重量轻、机械强度高、绝缘性能好、憎水性强等特点，在带电作业时为人体提供相对地之间的主绝缘防护。绝缘斗具有高电气绝缘强度，与绝缘臂一起组成相对地之间的纵向绝缘。同时，若绝缘斗同时触及两相导线，不会发生沿面闪络。

绝缘斗臂车的工作斗操作方式有两种途径：一是通过绝缘臂上部绝缘斗中的作业人员直接操作，二是通过下部控制台上的人员操作控制。

（三）注意事项

（1）绝缘手套作业人员处在高电位，因此对地及邻相导线要有足够的安全距离。

（2）绝缘手套作业人员与其他异电位的人员（包括地面作业人员）严禁直接传递金属工具和材料，即使是绝缘工具和材料也必须有一定的空气间隙（0.4m）和有效绝缘长度（0.7m）。这是因为：

1）若直接接触或传递金属工具，由于二者之间的电位差，将可能出现静电电击现象；

2）若地面人员直接接触绝缘手套作业人员，相当于短接了绝缘平台或绝缘斗臂车，不仅可能使泄漏电流急剧增大，而且因组合间隙变为单间隙，有可能发生空气间隙击穿，导致作业人员伤亡。

（3）绝缘手套直接作业人员应注意作业时的动作幅度。

（4）断接引流线时应注意以下安全问题：严禁带负荷断、接引流线。采用相应的消弧措施，操作人员还应戴护目镜；严禁用搭接引线的方法并列两个电源；搭接引线前确定相位正确；断、接空载线路时，已断开相或未接通相导线因感应而带电，为防止电击，应采取措施后才能触及。

（5）严禁用棉纱、汽油、酒精等擦拭带电体及绝缘部分，防止起火。

（6）选择合适的工作位置。作业人员要选择合适的工作位置，使带电体处在本人的视线范围内，并应特别注意动作轻巧稳重，避免大动作及使用非绝缘工具。

（7）特殊的作业还应遵守特殊作业的有关安全规定。

（8）斗内（绝缘平台）作业人员在带电导体相间作业时，相与相之间的主绝缘是空气，绝缘斗臂车或绝缘平台此时都不起主保护作用，要注意防止相间短路。同时，作业人员在空中接触带电体与地电位物体（如铁横担、电杆等）间的主绝缘也是空气，绝缘斗臂车或绝缘平台此时也不起保护作用。

（9）绝缘斗臂车作业前的空斗试操作必须在下部控制台进行，作业中应由工作斗内人员控制，且下部操作人员不得离开控制台，且车辆不得熄火。

三、绝缘平台作业法

配电线路的部分杆塔受地形限制，绝缘斗臂车无法到达，仅靠绝缘斗臂车开展配网不停电作业无法满足要求。为改变这一现状，许多公司因地制宜研制了配网不停电作业绝缘平台，作业人员穿戴绝缘服、绝缘手套，站立在中间电位的绝缘平台上使用操作工具直接在带电体上进行操作，达到其检修目的的方法。这时人体与带电体的关系是"带电体—绝缘体—人体—绝缘体—接地体"。因此，利用绝缘平台进行不停电作业可不受交通和地形条件限制，可弥补绝缘斗臂车应用的不足，其空中作业范围大，安全可靠，在绝缘斗臂车无法到达的杆位均可进行不停电作业，机动性及便利性较高。

绝缘平台作业是不停电作业中不可缺少的一部分，也是一种性价比较高的作业方式，它比地电位作业可开展的项目多，又比绝缘斗臂车价格便宜。

绝缘平台由绝缘材料加工制作，安装固定在电杆或地面上，承载不停电作业人员并提供人体与接地体的主绝缘保护的工作平台，主要由支撑（抱杆）装置、主平台及附件等组成。根据安置型式分为落地式绝缘平台和抱杆式绝缘平台。

鉴于各地区作业方式不尽相同，绝缘平台的结构有所差异，但基本型式大体相同，普遍都具有升降和旋转功能，抱杆式绝缘平台以其部件少、安装简便、使用灵活最为常见，国家能源局于 2015 年也出台了行业标准《10kV 带电作业用绝缘平台》。此外，绝缘人字梯、独脚梯等在配网不停电作业中也是一种绝缘平台。

（一）落地式绝缘平台

落地式绝缘平台包括底座、连接支架、作业平台、升降装置以及升降传动系统，其特征在于升降装置由不少于两节的套接式矩形绝缘框架构成，各节绝缘框架间置有提升连接带，安装在底座内的升降传动系统的丝杠与蜗轮、蜗杆减速器和电动机依次连接，安装在丝杠上的可滑动卷筒与底座两侧的滑轮组上绕接有钢丝绳，钢丝绳从底座四角向上作为最外节绝缘框架的提升连接带，其余的提升连接带均为绝缘带，绝缘平台的四个角分别固定连接立柱，立柱之间横向固定连接有固定柱，立柱之间设置有导向条。立柱的下端固定连接有下绝缘平台。升降标准节安装在外套框架内，通过导向条与外套框架上下滑动连接。通过对传动机构的简化以及将其整体压缩在底座内，使设备结构简单、体积小、制造成本低，又将平台的升降装置整体做成绝缘，实现了平台在升降过程中的绝对安全性。

（二）抱杆式绝缘平台

抱杆式绝缘平台由绝缘材料加工制作，安装固定在电杆上，承载不停电作业人员并提供人与电杆等接地体的主绝缘保护工作平台。抱杆式绝缘平台具有经济、实用、轻便的特点，受到各单位的青睐。

抱杆式绝缘平台根据其使用功能特点分为固定式绝缘平台、旋转式绝缘平台、旋转带升降式绝缘平台三大类；按照荷载能力分为Ⅰ级、Ⅱ级、Ⅲ级，可根据作业人员的体重选用。

固定式绝缘平台是无传动式传动机构的绝缘平台，安装固定于电杆后，平台的高度和角度也随之固定，不具备其他辅助功能。

旋转式绝缘平台在抱杆装置上增加由中心轴及转动装置构成平台旋转传动机构，具备旋转功能，作业人员可根据作业需求选择合适的水平位置进行作业。

旋转带升降式绝缘平台在抱杆装置上增加由中心轴及转动装置构成平台旋转传动机构以及提升传动机构，是具备旋转和升降功能的绝缘平台，作业人员可根据作业需求，选择合适的垂直高度和水平位置进行作业。

抱杆式绝缘平台主要由抱杆装置、主平台及附件等组成。抱杆装置是平台安装、固定于电杆的主要部件，一般由滚轮抱箍或抱箍紧锁等装置构成。主平台采用绝缘材料加工制作，是提供带电作业时人与电杆的绝缘保护的主要绝缘部件，也是绝缘平台的主要承力部件之一。部分绝缘平台在主平台上方还可设置绝缘小平台，小平台采用绝缘材料加工制作，作业人员可站立其上进行作业。

主平台装置一般包括：杆式绝缘平台支架、用于支撑该平台支架、可安装于架空线电杆上的平台连接座架及主平台。平台支架由螺栓固定连接于平台连接座架的上、下端，平台连接座架上端分别由一链条滚轴轮装置及一刹车保险装置可转动地支撑于电杆上，并锁紧其对电杆的固定，平台连接座架下端固定安装于可转动钢箍，可转动钢箍可滑动地置于紧固电杆上的固定钢箍托架上。

绝缘平台大多属于自制研发的实用型工具，结构形式多样，但应用前必须进行交接试验，机械和电气性能符合作业要求，模拟演练操作成熟后方可推广应用。

四、综合不停电作业法

综合不停电作业法是指综合运用绝缘杆作业法、绝缘手套作业法、使用旁路系统（旁路开关、临时电缆等）、发电车、移动箱变车等设备进行的大型不停电作业项目。和绝缘杆作业法和绝缘手套作业法相比，综合不停电作业法所需的作业人员规模、工器具设备投入要求更高。

综合不停电作业项目中，既包含了采用绝缘杆作业法和绝缘手套作业法项目，也包含了利用旁路作业工具及装备的旁路作业项目。旁路作业方式不同于常规不停电作业，它是指通过旁路设备的接入，将配网中的负荷转移至旁路系统，实现待检修设备停电检修的作业方式。为了做到对线路和设备进行检修（更换）作业时，实现对用户不停电、不减供负荷的目的，就可以通过采用旁路作业和临时供电作业两种方式来实现待检修线路和设备的停电检修工作。

旁路作业的关键是如何通过旁路设备的接入组成旁路系统，实现线路和设备中的负荷转移。一套最基本的旁路电缆供电系统通常由旁路引下电缆、旁路负荷开关、旁路柔性电缆以及与架空导线连接时的引流线夹、与旁路负荷开关连接时的快速插拔终端头和中间接头等组成。

在综合不停电作业中，通过不停电作业、旁路作业和临时供电作业的有机结合，并根据需要在旁路系统中配置移动箱变车、移动电源车和移动环网柜车等旁路作业设备，可进一步拓展旁路作业在架空配电线路和电缆线路中的应用。

五、配网不停电作业常见项目

配网不停电作业常见项目可分为四大类33项。其中，第一类项目为临近带电体作业和简单绝缘杆作业法项目，临近带电体作业项目包括修剪树枝、拆除废旧设备及一般缺陷处理等；第二类项目为简单绝缘手套作业法项目，包括断接引线、更换直线杆绝缘子及横担、不带负荷更换柱上开关设备等；第三类项目为复杂绝缘杆作业法和复杂绝缘手套作业法项目，复杂绝缘杆作业法项目包括更换直线绝缘子及横担等，复杂绝缘手套作业法项目包括带负荷更换柱上开关设备、直线杆改耐张杆、带电撤立杆等；第四类项目为综合不停电作业项目，包括直线杆改耐张杆并加装柱上开关或隔离开关、柱上变压器更换、旁路作业等。项目分类如表3-5所示。

表3-5　　　　　　　　　　配网不停电作业常见项目分类

序号	作业项目名称	作业类别	作业方式	作业时间（h）	减少停电时间（h）	作业人数
1	普通消缺及装拆附件（包括：修剪树枝、清除异物、扶正绝缘子、拆除退役设备；加装或拆除接触设备套管、故障指示器、驱鸟器等）	第一类	绝缘杆作业法	0.5	2.5	4
2	带电更换避雷器	第一类	绝缘杆作业法	1	3	4
3	带电断引流线（包括：熔断器上引线、分支线路引线、耐张杆引流线）	第一类	绝缘杆作业法	1.5	3.5	4
4	带电接引流线（包括：熔断器上引线、分支线路引线、耐张杆引流线）	第一类	绝缘杆作业法	1.5	3.5	4
5	普通消缺及装拆附件（包括：清除异物、扶正绝缘子、修补导线及调节导线弧垂、处理绝缘导线异响、拆除退役设备、更换拉线、拆除非承力拉线；加装接地环；加装或拆除接触设备套管、故障指示器、驱鸟器等）	第二类	绝缘手套作业法	0.5	2.5	4
6	带电辅助加装或拆除绝缘遮蔽	第二类	绝缘手套作业法	1	2.5	4
7	带电更换避雷器	第二类	绝缘手套作业法	1.5	3.5	4
8	带电断引流线（包括：熔断器上引线、分支线路引线、耐张杆引流线）	第二类	绝缘手套作业法	1	3	4
9	带电接引流线（包括：熔断器上引线、分支线路引线、耐张杆引流线）	第二类	绝缘手套作业法	1	3	4
10	带电更换熔断器	第二类	绝缘手套作业法	1.5	3.5	4
11	带电更换直线杆绝缘子	第二类	绝缘手套作业法	1	3	4
12	带电更换直线杆绝缘子及横担	第二类	绝缘手套作业法	1.5	3.5	4
13	带电更换耐张杆绝缘子串	第二类	绝缘手套作业法	2	3.5	4
14	带电更换柱上开关或隔离开关	第二类	绝缘手套作业法	3	5	4
15	带电更换直线杆绝缘子	第三类	绝缘杆作业法	1.5	3.5	4

序号	作业项目名称	作业类别	作业方式	作业时间（h）	减少停电时间（h）	作业人数
16	带电更换直线杆绝缘子及横担	第三类	绝缘杆作业法	2	4	4
17	带电更换熔断器	第三类	绝缘杆作业法	2	4	4
18	带电更换耐张绝缘子串及横担	第三类	绝缘手套作业法	3	5	4
19	带电组立或撤除直线电杆	第三类	绝缘手套作业法	3	5	8
20	带电更换直线电杆	第三类	绝缘手套作业法	4	6	8
21	带电直线杆改终端杆	第三类	绝缘手套作业法	3	5	4
22	带负荷更换熔断器	第三类	绝缘手套作业法	2	4	4
23	带负荷更换导线非承力线夹	第三类	绝缘手套作业法	2	4	4
24	带负荷更换柱上开关或隔离开关	第三类	绝缘手套作业法	4	6	12
25	带负荷直线杆改耐张杆	第三类	绝缘手套作业法	4	6	5
26	带电断空载电缆线路与架空线路连接引线	第三类	绝缘杆作业法、绝缘手套作业法	2	4	4
27	带电接空载电缆线路与架空线路连接引线	第三类	绝缘杆作业法、绝缘手套作业法	2	4	4
28	带负荷直线杆改耐张杆并加装柱上开关或隔离开关	第四类	绝缘手套作业法	5	7	7
29	不停电更换柱上变压器	第四类	综合不停电作业法	2	4	12
30	旁路作业检修架空线路	第四类	综合不停电作业法	8	10	18
31	旁路作业检修电缆线路	第四类	综合不停电作业法	8	10	20
32	旁路作业检修环网箱	第四类	综合不停电作业法	8	10	20
33	从环网箱（架空线路）等设备临时取电给环网箱、移动箱变供电	第四类	综合不停电作业法	2	4	24

第四章

配网不停电作业常用工器具

第一节　配网不停电作业常用工器具

配网不停电作业中的绝缘工器具根据其作用可分为 3 大类：绝缘工具、绝缘遮蔽和隔离用具、安全防护用具。

一、绝缘工具

绝缘工具分为硬质绝缘工具和软质绝缘工具，在配网不停电作业时属于主绝缘工具。

（一）硬质绝缘工具

硬质绝缘工具主要指以环氧树脂玻璃纤维增强型绝缘管、板、棒为主绝缘材料制成的配网不停电作业工具，包括操作工具、运载工具、承力工具等。如图 4-1 绝缘尖嘴钳、图 4-2 绝缘抱杆、图 4-3 绝缘拉杆所示。

图 4-1　绝缘尖嘴钳

图 4-2　绝缘抱杆

玻璃纤维、环氧树脂和偶联剂是构成硬质绝缘工具绝缘部分（绝缘杆）的主要成分。绝缘杆的制造方法较多，其中用于制造绝缘杆的主要工艺有湿卷法、干卷法、缠绕法和引拔法等。

图 4-3 绝缘拉杆

绝缘杆的老化有整体老化和部分老化两个方面。整体老化主要是指受潮、长时间的整体材质老化；部分老化主要是指绝缘杆顶端长期在强电场作用下，因局部滑闪、漏电、放电而引起的材质老化。

操作杆表面的污秽状态对操作杆的闪络性能影响很大，据国外试验结果表明，表面污秽后，特别是沉积物受潮并导电时，耐闪络强度会严重降低。这是因为当绝缘杆表面有脏污而大气湿度又较高时，沿绝缘杆的电压分布更趋于不均匀，高场强处将出现辉光放电，使沿绝缘杆表面的泄漏电流具有跃变的特点。国外对配网不停电作业操作杆进行盐雾及人工污秽试验，测定盐雾、工业烟雾的凝聚、沉积物及意外污垢对操作杆的可能影响。试验结果表明，在电导率较低的雾里，泄漏电流也远大于可感知的 1mA 电流，操作杆表面材料的特性，纵向缺损及其他的不均匀性对处于受潮及污秽状态下的闪络性能影响较大。

几十年来，我国配网不停电作业所使用绝缘杆的材料及制作工艺不断改进。引拔成型工艺增强了绝缘材料的致密性和成型杆的抗弯特性，使绝缘材料的渗水性大大降低，防潮性也得到了显著的提高。目前产品性能已达到国际先进水平，部分技术指标甚至优于国外同类产品。

不同电压等级、不同用途的绝缘工具其绝缘杆的尺寸有一定的要求，如适用于 10kV 配网不停电作业的绝缘操作杆的尺寸要求如表 4-1 所示。

表 4-1 绝缘操作杆尺寸要求

额定电压（kV）	最小有效绝缘长度（m）	端部金属接头长度（m）	手持部分长度（m）
10	0.70	不大于 0.10	不大于 0.10

（二）软质绝缘工具

软质绝缘工具主要指以绝缘绳为主绝缘材料制成的工具，包括吊运工具、承力工具等。如图 4-4 绝缘绳、图 4-5 绝缘软梯、图 4-6 绝缘滑车组所示。

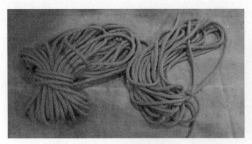

图 4-4 绝缘绳

图 4-5 绝缘软梯

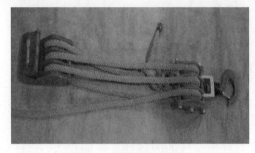

图 4-6 绝缘滑车组

　　绝缘绳索是广泛应用于配网不停电作业的绝缘材料之一，可用作运载工具、攀登工具、吊拉绳、连接套及保安绳等。以绝缘绳为主绝缘部件制成的工具为软质绝缘工具。软质绝缘工具具有灵活、简便、便于携带、适于现场作业等特点，不少软质绝缘工具具有中国配网不停电作业的独有特色。目前配网不停电作业常用的绝缘绳主要有蚕丝绳、锦纶绳等，其中以蚕丝绳应用的最为普遍。

　　蚕丝在干燥状态时是良好的电气绝缘材料，但随着吸湿程度的增加，电阻率明显下降。由于蚕丝的丝胶具有亲水性及丝纤维具有多孔性，因而蚕丝具有很强的吸湿性，当蚕丝作为绝缘材料使用时，应特别注意避免受潮。

　　由于配网不停电作业可能遇到突然起雾、下雪等恶劣气候条件，所以绝缘绳在潮湿状态下的电气性能将直接关系到人身及设备安全。据调查，我国配网不停电作业中已多次发生绝缘绳湿闪及烧断事故。试验表明绝缘绳受潮后，泄漏电流急剧增加，闪络电压显著降低，导致绳索发热甚至燃烧起火。

　　绝缘绳在高湿状态下的电气性能与材料的亲水性有关，当绝缘绳严重受潮时，水沿绳表面及内部孔隙形成连续的导电水膜，由于水膜具有离子电导作用，使泄漏电流大大增加，蚕丝绝缘绳的丝胶具有亲水性及丝纤维具有多孔性，因此水分子不仅附着绳表面及绳内间隙，而且渗透全部纤维内部，不仅使蚕丝绳的闪络电压明显降低，而且会产生较大的泄漏电流导致绳索发热直至起火燃烧。

　　针对安全可靠开展配网不停电作业的需要，近年来，国内部分制造单位研制了防潮型绝缘绳。参照国外相关标准中对绝缘绳索的防水防潮要求，分别进行了 168h 持续高湿度下工频泄漏电流试验、浸水后工频泄漏电流试验、淋雨工频闪络电压试验。另外，为考核使用后的防潮性能，又增加了 50% 断裂负荷、漂洗、磨损后 168h 高湿度下工频泄漏电流试验。从试验结果来看，与普通型绝缘绳相比较，高湿度下工频泄漏电流显著减小，淋雨闪络电压大幅度提高，在浸水后仍可保持良好的绝缘性能。

但需要指出的是：防潮型绝缘绳索在浸水、淋雨状态下有较好的绝缘性能，但这并不意味着绝缘绳索可直接用于雨天作业。防潮型绝缘绳索主要是为了解决普通型绝缘绳遇潮状态下绝缘性能急速下降的缺点，增强绝缘绳索在现场作业时遇潮、突然降雨等状况下的绝缘能力，从而提高配网不停电作业的安全性。因此，无论哪一种绝缘绳索，应尽量在晴朗、干燥气候下使用。一旦遇到不良气候条件，防潮绝缘绳索的绝缘性能将优于普通型绝缘绳索。

二、绝缘遮蔽和隔离用具

绝缘遮蔽和隔离用具包括各类遮蔽罩（硬质和软质）、绝缘毯等（如图 4-7～图 4-10 所示），用于 10kV 配网不停电作业在作业过程中安全距离不足时遮蔽或隔离带电导体或接地体。绝缘遮蔽与隔离是 10kV 配网不停电作业的一项重要安全防护措施，所以也有人将 10kV 配网不停电作业称为"绝缘隔离带电作业"，从而与使用"屏蔽服"的输电线路带电作业相区别。绝缘遮蔽和隔离用具不起主绝缘作用，只适用于在配网不停电作业人员发生意外短暂碰触时，即擦过接触时，起绝缘遮蔽或隔离的保护作用。

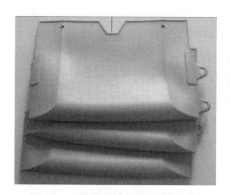

图 4-7　跌落式熔断器绝缘遮蔽罩

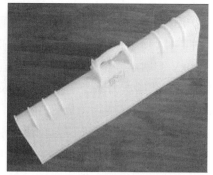

图 4-8　导线绝缘遮蔽罩

图 4-9　绝缘挡板

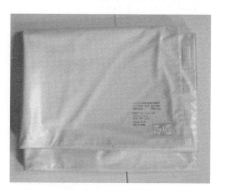

图 4-10　绝缘毯

（一）绝缘遮蔽和隔离用具的适用范围

在配电线路上进行配网不停电作业时，安全距离（空气间隙）小是主要的制约因素，在人体和带电体或带电体与地电位物体间装设一层绝缘遮蔽罩或挡板，可以弥补空气间隙的不足。因为遮蔽罩或挡板与空气组合形成组合绝缘，延伸了气体的放电路径，因此可提高放电电压值。

这种措施虽然可以提高放电电压，但提高的幅度是有限的。应注意：

（1）它只限于 20kV 及以下电力设备的配网不停电作业。

（2）它不起主绝缘作用，但允许"擦过接触"，主要还是限制人体活动范围。

（3）应与人体安全防护用具配合使用。

绝缘遮蔽罩本身有它自身的保护有效区，即在模拟使用状态下，施加一定的试验电压时，既不产生闪络，也不发生击穿的那部分外表面。对与带电体直接接触的遮蔽罩边沿部分是有可能发生沿面闪络的，所以即使是"擦过接触"也要避免。因此遮蔽罩的保护有效区应有明晰的标志。例如导线遮蔽罩直接接触带电体，起到弥补空气间隙不足的作用；而安装分支横担所用的遮蔽罩是不与带电体接触的，主要起限制人体活动范围作用。

（二）安全防护用具

安全防护用具包括绝缘安全帽、绝缘披肩、绝缘衣、绝缘裤、绝缘靴、绝缘手套等（如图 4-11～图 4-14 所示），在配网不停电作业中起到十分重要的保护作用。在 IEC 标准中，规定 2 级（10kV 配网不停电作业用）绝缘防护用具的最高使用电压为 17.5kV，在我国电力行业标准中，结合我国电力系统的电压等级及中性点接地方式，并考虑适当的安全裕度，规定了 2 级防护用具的最高使用电压为 10kV。我国已颁布了多项专门的技术标准和导则，具体规定了安全防护用具的使用步骤及使用方法，并针对安全防护用具的特点，规定了技术要求及试验方法。其中绝缘手套被认为是保证 10kV 配网不停电作业安全的最后一道保障，也就是在作业过程中必须全过程使用绝缘手套。其他安全防护用具应根据作业的复杂程度，有针对性地穿戴使用。

图 4-11　绝缘安全帽

图 4-12　绝缘手套

图 4-13 绝缘靴

图 4-14 绝缘服（披肩）

第二节 配网不停电作业工器具试验

一、概念

（一）试验分类

根据产品从厂家生产设计到用户使用的各个时间阶段，对绝缘工器具进行的试验可以分为：型式试验、抽样试验、验收试验、预防性试验、检查性试验等。

在上述各种试验中主要包括电气试验和机械试验两大类的试验内容，电气试验包括绝缘试验、特性试验等；绝缘试验包括工频耐压试验、操作冲击耐压试验、直流耐压试验、淋雨交流泄漏电流试验、淋雨直流泄漏电流试验、交流泄漏电流试验等；机械试验包括动负荷试验和静负荷试验。

1. 型式试验

对一个或多个产品样本进行的试验，以证明产品符合设计任务书的要求。在新产品投产前的定型鉴定时，当产品的结构、材料或制造工艺有较大改变而影响到产品的主要性能时，原型式试验已超过 5 年时应对产品进行型式试验，试品数量为 3 件。

2. 抽样试验

对样品进行的试验。按照买方与生产厂家的协议，可做全部样品型式试验项目，也可以抽做部分样品型式试验项目。

3. 验收试验

用于向用户证明产品符合其技术条件中的某些条款而进行的一种合同性试验。根据购买方的要求可进行产品的验收试验，验收试验项目可以抽样做部分型式试验项目，也可以做全部型式试验项目。验收试验可在双方指定的、有条件的单位进行。

4．预防性试验

对绝缘工具、遮蔽用具和防护用具应进行周期性的预防性试验。进行预防性试验时，一般宜先进行外观检查，再进行机械试验，最后进行电气试验。

5．检查性试验

对绝缘工器具应进行的周期性工频耐压试验，试验时将绝缘工器具分成若干段进行，与预防性试验在时间上交错进行。

6．工频耐压试验

对绝缘工器具施加一次相应的额定工频耐受电压（有效值）。交流耐压试验分为短时耐受试验和长时间耐受试验，一般 220kV 及以下电压，采用短时工频耐受电压试验；330kV 及以上电压，采用长时间工频耐受电压试验。

7．操作冲击耐压试验

对绝缘工具施加规定次数和规定值的操作冲击电压。需要施加较多次数的操作冲击电压，以检验在可接受的电压等级下实际操作冲击耐受电压不低于额定操作冲击耐受电压。试验时对绝缘工具施加 15 次规定波形为 250/2500μs 的额定冲击耐受电压，在绝缘工器具上未出现破坏性放电，则试验通过。对 10～220kV 电压等级的绝缘工具，不进行操作冲击耐压试验。

8．直流耐压试验

对绝缘工器具施加一次相应的额定直流耐受电压，其持续时间一般为 3min。

9．泄漏电流试验

检查绝缘工器具内部缺陷的一种试验，施加的电压可以为交流或直流，通常泄漏电流的测量与耐压试验同时进行，泄漏电流用毫安表或微安表测量。

10．静负荷试验

为了考核配网不停电作业工具、装置和设备承受机械载荷（拉力、扭力、压力、弯曲力）的能力所进行的试验。静负荷一般指额定负荷。

11．动负荷试验

在静荷载基础上考虑因运动、操作而产生横向或纵向冲击作用力的机械载荷试验。

（二）预防性试验

预防性试验是一种常规试验，是检测绝缘工具、遮蔽用具和防护用具性能的重要手段之一，对保证配网不停电作业安全具有关键的作用。以下为预防性试验的一般要求。

（1）试验结果应与该工具、装置和设备历次试验结果相比较，与同类工具、装置和设备试验结果相比较，参照相关的试验结果，根据变化规律和趋势，进行全面分析后做出判断。

（2）遇到特殊情况需要改变试验项目、周期或要求时，可由本单位总工程师审查批准后执行。

（3）为满足高海拔地区的要求而采用加强绝缘或较高电压等级的配网不停电作业工具、装置和设备，应在实际使用地点（进行海拔校正后）进行耐压试验。

（4）在测量泄漏电流时，应同时测量被试品的本体温度和周围空气的温度和湿度。进行绝缘试验时，被试品温度应不低于+5℃，户外试验应在良好的天气进行，且空气相对湿度一般不高于 80%。

（5）经预防性试验合格的配网不停电作业工具、装置和设备应在明显且不妨碍绝缘性能的位置贴上试验合格标志。

二、绝缘工具的试验要求

硬质绝缘工具和软质绝缘工具的试验要求是统一的,绝缘工具试验项目与标准如表4-2所示。

表 4-2　　　　　　　　　　　　　绝缘工具试验项目与标准

试验类别	试验项目		试验项目一般标准
型式试验	电气试验	工频耐压试验	50Hz 交流耐压试验,加至试验电压后的持续时间:220kV 及以下电压等级的带电作业工具、装置和设备,为 1min;330kV 及以上电压等级的带电作业工具、装置和设备,为 3min。 非标准电压等级的带电作业工具、装置和设备的交流耐压试验值,可根据本规程规定的相邻电压等级按插入法计算。 10kV 电压等级绝缘工具的型式及出厂试验:100kV、1min,试验长度为 0.4m。 在规定的试验电压和耐受时间下以无击穿、无闪络、无发热为合格
		操作冲击耐压试验	—
		直流耐压试验	直流耐压试验,加至试验电压后的持续时间,一般为 3min。在进行直流高压试验时,应采用负极性接线
		淋雨交流泄漏电流试验	10kV～220kV 电压等级的防潮型硬质绝缘工具在型式试验中须进行淋雨状态下的泄漏电流试验。淋雨试验条件应满足 GB16927.1 中的规定,在规定的试验电压和时间下,通过整件工具的泄漏电流应≤0.5mA
		淋雨直流泄漏电流试验	
		交流泄漏电流试验	对清扫工具、水冲洗工具。 10kV～220kV 电压等级的绝缘工具,试验电压为 8kV,试验加压时间为 15min,泄漏电流应≤0.5mA
	机械试验	静负荷试验	在 2.5 倍额定工作负荷下持续 5min 而无变形、无损伤
		动负荷试验	在 1.5 倍额定工作负荷下操作 3 次,要求机构动作灵活、无卡住现象
抽样试验	参照"型式试验"标准		
验收试验	参照"型式试验"标准		
预防性试验对 10kV～750kV 交直流带电作业用硬质绝缘工具和软质绝缘工具,预防性试验周期为一年一次,试品数量:逐件进行	电气试验	工频耐压试验	50Hz 交流耐压试验,加至试验电压后的持续时间:220kV 及以下电压等级的带电作业工具、装置和设备,为 1min;330kV 及以上电压等级的带电作业工具、装置和设备,为 3min。 非标准电压等级的带电作业工具、装置和设备的交流耐压试验值,可根据本规程规定的相邻电压等级按插入法计算。 10kV 电压等级绝缘工具的预防性试验:45kV、1min,试验长度为 0.4m;在规定的试验电压和耐受时间下以无击穿、无闪络、无发热为合格
		操作冲击试验	—
		直流耐压试验	—
	机械试验	静负荷试验	在 1.2 倍额定工作负荷下持续 1min 无变形、无损伤
		动负荷试验	在 1.0 倍额定工作负荷下操作 3 次,要求机构动作灵活、无卡住现象
检查性试验一年一次	分段试验		将绝缘工具分成若干段进行工频耐压试验,按规定系数施加电压的试验。一般 300mm 耐压 75kV,时间为 1min,以无击穿、无闪络及无过热为合格

三、绝缘遮蔽、隔离用具的试验要求

绝缘遮蔽、隔离用具的试验要求如表4-3所示。

绝缘遮蔽、隔离用具的试验要求

表4－3

名称与样式	材质	外观	型式试验	周期	预防性试验（试验标准）
遮蔽罩。根据不同用途一般分为导线用遮蔽罩、针式绝缘子、耐张装置、线夹、棒型绝缘子、电杆、横担、套管、跌落式开关所专用的以及为被遮蔽物体所设计的其他类型遮蔽罩	采用环氧树脂、塑料、橡胶及聚合物等绝缘材料制成	各类遮蔽罩上下表面均不应存在有害的缺陷，如小孔、裂缝、局部隆起、切口、夹杂导电异物、折缝、空隙、凹凸波纹等	30kV/1min 无闪络、无击穿、无发热为合格	6个月	试验项目：交流耐压试验。 要求：以无电晕发生、无闪络、无击穿、无明显发热为合格。 级别 / 电压（V） / 1min 交流试验电压（V） 0 / 380 / 5000 1 / 3000 / 10000 2 / 6000、10000 / 20000 3 / 20000 / 30000 4 / 35000 / 50000
导线软质遮蔽罩。一般为直管式、下边缘延箱式、带接头的直管式、自锁下边缘延箱式5种类型，也可以为专门设计以满足特殊用途需要的其他类型	采用橡胶类和软质塑料类绝缘材料制成	导线软质遮蔽罩上下表面均不应存在有害面的缺陷，如小孔、裂缝、局部隆起、切口、夹杂电异物、折缝、空隙、凹凸波纹等		6个月	试验项目：交流耐压试验、直流耐压试验。 要求：以无电晕发生、无闪络、无击穿、无明显发热为合格。 级别 / 电压（V） / 1min 交流试验电压（V） / 1min 直流试验电压（V）* 0* / 380 / 5000 / 5000 1 / 3000 / 10000 / 30000 2 / 6000、10000 / 20000 / 35000 3 / 20000 / 30000 / 50000 * 对于0级C类（下边缘延箱式）D类（带接头的下边缘延箱式）两个类别的直流耐受试验加压值为10000V。

续表

名称与样式	材质	外观	型式试验	预防性试验	
				周期	试验标准
绝缘隔板、绝缘毯。绝缘毯一般为平展式和开槽式两种类型，也可以专门设计以满足特殊用途的需要	采用橡胶类和塑胶类绝缘材料制成	绝缘毯上下表面均不应存在有害的缺陷，如小孔、裂缝、切口、夹杂导电异物、折缝、空隙、凹凸波纹等	30kV/1min 无闪络、无击穿、无发热为合格	6个月	试验项目：交流耐压试验。要求：以无电晕、干闪络、无击穿、无显著发热为合格。 级别 / 电压（V）/ 1min 交流耐压试验（V） 0 / 380 / 5000 1 / 3000 / 10000 2 / 6000 10000 / 20000 3 / 20000 / 30000
绝缘垫。一般为卷筒型和特殊型两种类型，也可以专门设计以满足特殊用途的需要	采用橡胶类绝缘材料制成	绝缘垫上下表面均不应存在有害的缺陷，如小孔、裂缝、切口、夹杂导电异物、折缝、空隙等		6个月	试验项目：交流耐压试验。要求：以无电晕发生、无闪络、无击穿、无明显发热为合格。 级别 / 额定电压 / 1min 交流耐压试验（有效值）（V） 0 / 380 / 5000 1 / 3000 / 10000 2 / 6000 10000 / 20000 3 / 20000 / 30000

四、安全防护用具及其试验要求

（一）安全防护用具的材质与型式试验（见表4-4）

表4-4   安全防护用具的材质与型式试验

用具	材质	型式试验
绝缘安全帽	绝缘安全帽具有较轻的质量、较好的抗机械冲击特性、较强的电气性能，并有阻燃特性。采用高强度塑料或玻璃钢等绝缘材料制作	—
绝缘手套	用合成橡胶或天然橡胶制成，其形状为分指式	额定电压：10 KV 工频耐压：20kV/3min，无闪络，无击穿，无发热 交流泄漏电流： 手套长度360mm，泄漏电流≤14 手套长度410mm，泄漏电流≤16 手套长度460mm，泄漏电流≤18
绝缘靴	靴用合成橡胶或天然橡胶制成	额定电压：10kV 工频耐压：20kV/3min，无闪络，无击穿，无发热
绝缘服、披肩	一般采用多层材料制作，其外表层为憎水性强、防潮性能好、沿面闪络电压高、泄漏电流小的材料；内衬为憎水性强、柔软性好、层向击穿电压高、服用性能好的材料制作	额定电压：10kV 工频耐压：20kV/3min，无闪络，无击穿，无发热
袖套	绝缘袖套分为直筒式和曲肘式两种式样，采用橡胶或其他绝缘柔性材料制成	额定电压：10kV 工频耐压：20kV/3min，无闪络，无击穿，无发热
防机械刺穿手套	防机械刺穿手套有连指式和分指式两种式样，其表面应能防止机械磨损、化学腐蚀、抗机械刺穿并具有一定的抗氧化能力和阻燃特性。采用加衬的合成橡胶材料制成	

（二）安全防护用具的外观检查要求与预防性试验（见表4-5）

表4-5   安全防护用具的外观检查要求与预防性试验

用具	外观检查、保存要求	预防性试验	
		试验周期	标准
绝缘安全帽	绝缘安全帽内外表面均应完好无损，无划痕、裂缝和孔洞。尺寸应符合相关标准要求	6个月	试验项目：交流耐压试验。 要求： 1. 试验电压和时间：20kV/1min； 2. 试验方法：将绝缘安全帽倒置于试验水槽内，注水进行试验。试验电压应从较低值开始上升，以大约1000V/s的速度逐渐升压，以无闪络、无击穿、无明显发热为合格
绝缘手套	内外表面均应完好无损，无划痕、裂缝、折缝和孔洞。应避免阳光直射，挤压折叠，贮存环境温度宜为10℃~20℃	6个月	试验项目：交流耐压试验、直流耐压试验。 要求： 1. 交流耐压试验

用具	外观检查、保存要求	预防性试验	
		试验周期	标准
绝缘手套	内外表面均应完好无损，无划痕、裂缝、折缝和孔洞。 应避免阳光直射，挤压折叠，贮存环境温度宜为10℃～20℃	6个月	<table><tr><th>型号</th><th>电压（V）</th><th>1min 交流试验电压（V）</th></tr><tr><td>1</td><td>3000</td><td>10000</td></tr><tr><td>2</td><td>10000</td><td>20000</td></tr><tr><td>3</td><td>20000</td><td>30000</td></tr></table>以无电晕发生、无闪络、无击穿、无明显发热为合格。 2. 直流耐压试验<table><tr><th>型号</th><th>电压（V）</th><th>1min 直流试验电压（V）</th></tr><tr><td>1</td><td>3000</td><td>20000</td></tr><tr><td>2</td><td>10000</td><td>30000</td></tr><tr><td>3</td><td>20000</td><td>40000</td></tr></table>以无电晕发生、无闪络、无击穿、无明显发热为合格
绝缘靴	绝缘鞋（靴）一般为平跟而且有防滑花纹，因此，凡绝缘鞋（靴）有破损、鞋底防滑齿磨平、外底磨透露出绝缘层，均不得再作绝缘鞋（靴）使用	6个月	试验项目：交流耐压试验。 要求：<table><tr><th>电压（V）</th><th>1min 交流试验电压（V）</th></tr><tr><td>400</td><td>3500</td></tr><tr><td>3000～10000</td><td>15000</td></tr></table>以无电晕发生、无闪络、无击穿十无明显发热为合格
绝缘服、披肩	整套绝缘服，包括上衣（披肩）、裤子均应完好无损，无深度划痕和裂缝、无明显孔洞	6个月	试验项目：工频耐压试验（整衣层向）。 要求：<table><tr><th>绝缘服（披肩）级别</th><th>电压（V）</th><th>1min 交流试验电压（V）</th></tr><tr><td>0</td><td>380</td><td>5000</td></tr><tr><td>1</td><td>3000</td><td>10000</td></tr><tr><td>2</td><td>10000</td><td>20000</td></tr></table>以无电晕发生、无闪络、无击穿、无明显发热为合格
绝缘袖套	整套应为无缝制作，内外表面均应完好无损，无深度划痕、裂缝、折缝，无明显孔洞	6个月	试验项目：标志检查、交流耐压或直流耐压试验。 要求： 1. 标志检查：采用肥皂水浸泡过的软麻布先擦 15s，然后再用汽油浸泡过的软麻布再擦 15s，如标志仍清晰，则试验通过。 2. 交流耐压或直流耐压试验<table><tr><th>级别</th><th>电压（V）</th><th>1min 交流试验电压（V）</th><th>3min 直流试验电压（V）</th></tr><tr><td>0</td><td>380</td><td>5000</td><td>10000</td></tr><tr><td>1</td><td>3000</td><td>10000</td><td>20000</td></tr><tr><td>2</td><td>10000</td><td>20000</td><td>30000</td></tr></table>以无电晕发生无闪络、无击穿、无明显发热为合格

续表

用具	外观检查、保存要求	预防性试验	
		试验周期	标准
防机械刺穿手套	内外表面均应完好无损，无划痕、裂缝、折缝和孔洞	6个月	试验项目：交流耐压试验、直流耐压试验。 要求： 1. 交流耐压试验 表1 以无电晕发生、无闪络、无击穿、无明显发热为合格。 2. 直流耐压试验 表2 以无电晕发生、无闪络、无击穿、无明显发热为合格

交流耐压试验表：

型号	电压（V）	1min 交流试验电压（V）
00	400	2500
0	1000	5000
1	3000	10000

直流耐压试验表：

型号	电压（V）	1min 直流试验电压（V）
00	380	4000
0	1000	10000
1	3000	20000

第三节　配网不停电作业工器具的保管、运输及使用

使用中的绝缘工器具的各项性能与工器具的保管、维护、运输、使用等都有关系，须严格管理。

一、库房保管

（一）库房基本要求

配网不停电作业专用工器具应存放于通风良好、清洁干燥的专用工具房内。工具房门窗应密闭严实，避免阳光直射。地面、墙面及顶面应采用不起尘、阻燃材料制作。

室内相对湿度应保持在 50%~60%，室内、外温差不宜超过 5℃，且室内温度不宜低于 0℃。

配网不停电作业工具房进行室内通风时，应在干燥的天气进行，并且室外的相对湿度不得高于 75%。通风结束后，应立即检查室内的相对湿度，并加以调控。

配网不停电作业工具房应配备：温度计、湿度计、除湿机（数量以满足要求为准），辐射均匀的加热器。

配网不停电作业工具房应配备足够的工具架（工具架底层离地面高于 200mm）或专用柜、吊架等，并配备足够的灭火器材。

（二）管理要求

配网不停电作业工器具应统一编号、专人保管、登记造册。并建立试验、检修、使用记录。不同类别的工器具应分区放置。工具房不得存放酸、碱、油类和化学药品等。橡胶绝缘用具应放在避光的柜内，并撒上滑石粉。

绝缘工器具出、入库时，应进行外观检查。检查其绝缘部分有无脏污、裂纹、老化、绝缘层脱落、严重伤痕；检查固定连接部分有无松动、锈蚀、断裂；检查操作头是否损坏、变形、失灵。

有缺陷的配网不停电作业工器具应及时修复，不合格的应予报废，做好"报废"标识，严禁存放在工具房内继续使用。

定期检查工器具的试验标签，以防超过规定的试验周期，确保工器具的性能完好，并进行记录。超过试验周期的工器具应及时清理并进行检测。

二、运输及现场使用

配网不停电作业工器具在运输途中，应存放在专用工具袋、工具箱或专用工具车内，以防受潮和损伤，避免与金属材料、工具混放。不得与酸、碱、油类和化学药品接触。在配网不停电作业工作现场，工器具应放置在防潮的帆布或绝缘垫上，保持工器具的干燥、清洁。并要防止阳光直射或雨淋。

考虑工器具在运输过程中，由于存放条件的影响以及其他因素，使性能下降。在现场使用工器具前，应进行外观检查。用清洁干燥的毛巾（布）擦拭后，使用 2500V 或以上额定电压的兆欧表或绝缘检测仪分段检测绝缘工器具的表面绝缘电阻，阻值应不低于 700MΩ，达不到要求的不能使用。

绝缘工器具在使用中受潮或表面损伤、脏污时，应及时处理并经试验合格后方可使用。操作绝缘工具，设置、拆除绝缘遮蔽和隔离用具时应戴清洁、干燥的绝缘手套，并应防止在使用中脏污和受潮。

第五章

配网不停电作业技术装备

第一节 绝缘斗臂车的使用和检测

一、绝缘斗臂车简介

绝缘斗臂车根据其工作臂的形式，可分为折叠臂式、直伸臂式、多关节臂式、垂直升降式和混合式；根据作业线路电压等级，可分为 10、35、110kV 等。

绝缘斗臂车由汽车底盘、绝缘斗、工作臂、斗臂结合部组成，如图 5-1 所示。绝缘斗、工作臂、斗臂结合部应能满足一定的绝缘性能指标。绝缘臂采用玻璃纤维增强型环氧树脂材料制成，绕制成圆柱形或矩形截面结构，具有自重轻、机械强度高、电气绝缘性能好、憎水性强等优点，在不停电作业时为人体提供相对地之间绝缘防护。绝缘斗分为单层斗和双层斗，外层斗一般采用环氧玻璃钢制作，内层斗采用聚四氟乙烯材料制作，绝缘斗应具有高电气绝缘强度，与绝缘臂一起组成相与地之间的纵向绝缘，使整车的泄漏电流小于 500μA，工作时若绝缘斗同时触及两相导线，也不会发生沿面闪络。绝缘斗上下部都可进行液压控制，定位是通过绝缘臂上部斗中的作业人员直接进行操作，下部控制台可进行应急控制操作，具有水平方向和垂直方向旋转功能。

(a)

(b)

图 5-1　绝缘斗臂车
（a）直伸臂式；（b）折叠臂式

采用绝缘斗臂车进行配网不停电作业是一种便利、灵活、应用范围广、劳动强度低的作业方法。

（一）绝缘斗臂车的工作环境

绝缘斗臂车正常工作对环境有一定要求，一般是允许风速不大于 10.8m/s，作业环境温度为 -25～+40℃，作业环境相对湿度不超过 90%。对海拔 1000m 及以上的地区，绝缘斗臂车所选用的底盘动力应适应高原行驶和作业，在行驶和作业过程中不会熄火。海拔每增加100m，绝缘体的绝缘水平应相应增加 1%。

（二）工作性能要求

（1）斗臂车应保证绝缘斗起升、下降作业时动作平稳、准确，无爬行、振颤、冲击及驱动功率异常增大等现象，微动性能良好。

（2）绝缘斗的起升、下降速度不应大于 0.5m/s，同时绝缘斗在额定载荷下起升时应能在任意位置可靠制动。

（3）具有绝缘斗、转台上下两套控制装置的斗臂车，转台处的控制应具有绝缘斗控制装置的功能，而且有越过绝缘斗控制装置的功能（即转台控制装置优先功能）。绝缘斗控制盘的装设位置应便于操作人员控制及具有防止误碰的设施。

（4）斗臂车回转机构应能进行正反两个方向回转或 360° 全回转。回转时，绝缘斗外缘的线速度不应大于 0.5m/s。回转机构作回转运动时，起动、回转、制动应平稳、准确，无抖动、晃动现象，微动性能良好。

（5）所有方向控制柄的操作方向应与所控设备的功能运动方向一致，操作人员放开控制柄，控制柄应能自动回到空挡位置并停住，振动等原因控制柄不得移位。

（6）斗臂车液压系统应装有防止过载和液压冲击的安全装置。安全溢流阀的调整压力，一般以出厂说明为准，正常情况下不应大于系统额定工作压力的 1.1 倍。

（三）作业范围

绝缘斗臂车有其正常的作业范围，在使用绝缘斗臂车之前，必须先了解其许可作业范围。折叠臂式绝缘斗臂车作业范围，根据折叠臂的长度和支点由如图 5-2 所示的两个圆弧组成。伸缩式绝缘斗臂车作业范围，根据斗臂伸出长度由以支点为圆心伸出长度为各半径的圆弧，如图 5-3 所示。MIN—支腿伸出最小，MIDI—支腿伸出第一挡，MID2—支腿伸出第二挡，MAX—支腿伸出最大。

二、绝缘斗臂车的使用与操作

（一）作业前的检查

（1）环绕车辆进行目测检查。查看有无漏油，标牌、车体及绝缘斗等有无破损、变形情况。

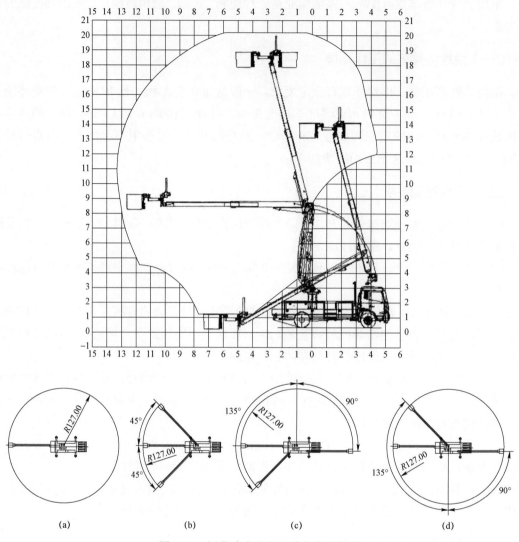

图 5-2　折叠臂式绝缘斗臂车作业范围

（a）支腿全伸；（b）支腿全缩；（c）左支腿全伸，右支腿未伸到位；

（d）右支腿全伸，左支腿未伸到位

（2）起动发动机，产生油压，操作水平支腿、垂直支腿伸出，用于检查液压缸是否漏油。在取力器切换后，检查传动轴等有无出现异响。如果垂直支腿伸出后出现自然回落的现象，须进行进一步检查。

（3）检查液压油的油量。

（4）检查并确认限位安全装置正确动作。

（5）检查绝缘斗的平衡度。重复几次上臂及下臂的操作，检查绝缘斗是否保持在水平状态。

（6）在绝缘斗内操纵各操作杆，检查各部分动作是否正常，有无异常声响。

（二）操作步骤及方法

正确地使用和操作绝缘斗臂车，不仅保证了作业车的使用安全，也保证了操作人员的人身安全。不同厂家及型号的操作有所不同，一般的操作步骤及方法如下。

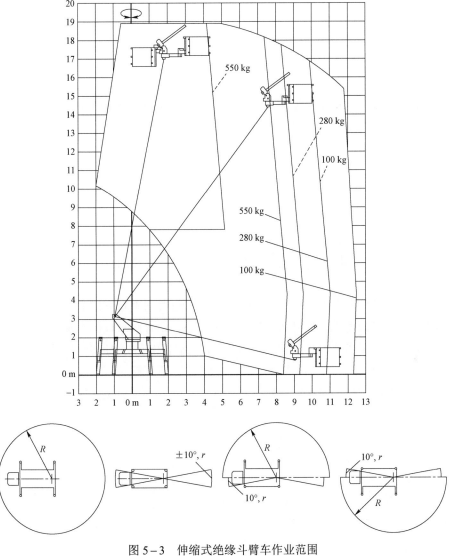

图 5-3　伸缩式绝缘斗臂车作业范围

1. 发动机起动操作

（1）检查车辆已挂好手刹，垫好轮胎防滑三角块。

（2）确认变速器杆处于停止（P）位置，取力器开关扳至"关"位置。汽车变速器杆必须处于停止位置，若不在停止位置时，操作发动机起动、停止会使车辆移动。

（3）将离合器踏板踩到底，起动发动机。

（4）踩住离合器踏板，将取力器开关扳至"开"的位置。此时计时器开始起动。计时器指示出车辆液压系统的累计使用时间。

（5）缓慢地松开离合器踏板。

（6）通过上述操作，产生油压。冬季温度较低时，请在此状态下进行 5min 左右的预热运转。

（7）油门高低速操作。将油门切换至油门高速，提高发动机转速，以便快速地支撑好支腿，提高工作效率。工作臂操作时，为了防止液压油温过高，油门应调整为中速或怠速状态。在作业中，不要用驾驶室内的油门踏板、手油门来提高发动机的转速，这样会使液压油温度急剧上升，容易造成故障。

2. 支腿的伸缩操作

（1）水平支腿操作。在 4 个支腿操作转换杆中，选出欲操作的水平支腿转换杆，切换至"水平"位置；"伸缩"操作杆扳至"伸出"位置时，水平支腿就会伸出。水平支腿设有不同张开幅度的绝缘斗臂车，根据不同的张开幅度，斗臂的作业范围就可在人员的控制下进行相应的调整。先确认水平支腿伸出方向没有人和障碍物后，再进行伸出操作。没有设置支腿张幅传感器的斗臂车，水平支腿一定要伸出到最大跨距，否则有倾翻的危险。在支腿的位置放置支腿垫板。

（2）垂直支腿操作。将 4 个支腿操作转换杆切换到"垂直"位置，"伸缩"操作杆扳至"伸出"位置，垂直支腿就会伸出，先确认支腿和支腿垫板之间没有异物后，再放下支腿。放下垂直支腿后，确认以下三点：

1）所有车轮全部离开地面，水平支腿张开幅度最大和垂直支腿着地的指示灯亮，用手摇动各支腿确认已可靠着地，车架基本处于水平状态，设有水平仪的车辆可根据水平仪进行调整。若未达到上述要求，操作相应的支腿，调节其伸出量或增加支腿垫板。

2）水平支腿不伸出、轮胎不离地、垂直支腿放置不可靠时，车辆会出现倾翻，所有支腿操作杆收回到中间位置，关闭支腿操作箱的盖子。绝对不允许为了加大作业半径，而将支腿捆绑在建筑物上或装上配重物体。否则容易引起车辆倾翻、工作臂损坏等重大事故。不要在几个支腿转换杆分别处于"水平"位置或"垂直"位置的状态下，操作水平支腿。否则会引起水平支腿跑出或使垂直支腿收缩，导致车辆损坏。

3）收回操作方法要将各支腿收回到原始状态，请按照"先垂直支腿后水平支腿"的顺序，进行收回操作，收回后，各操作杆一定要返回到中间位置。

3. 安装接地棒

将车辆底盘通过接地线与接地棒连接接地。

4. 绝缘斗上的操作

（1）工作臂操作。

1）下臂升降操作。折叠臂式绝缘斗臂车将下臂操作杆扳至"升"，使下臂液压缸伸出，下臂升；将下臂操作杆扳至"降"，使下臂液压缸缩进，下臂降。直伸臂式绝缘斗臂车则选择"升降"操作杆，扳至"升"，升降液压缸伸出，工作臂升起；扳至"降"，使下臂液压缸缩回，工作臂下降。

2）回转操作。将回转操作杆按标示箭头方向扳，使转台右回转或左回转。回转角度不受限制，可做 360° 全回转。在进行回转操作前，要先确认转台和工具箱之间无人、无可能被夹的其他障碍物。

3）上臂伸缩操作。折叠臂式绝缘斗臂车将上臂操作杆扳至"升"，使上臂液压缸伸出，伸缩臂升；将上臂操作杆扳至"降"，使上臂液压缸缩回，伸缩臂缩。直伸臂式绝缘斗臂车，选择"伸缩"操作杆，扳至"伸"，伸缩液压缸伸出，工作臂伸长，扳至"缩"，伸缩液压缸缩回，工作臂缩短。

（2）绝缘斗摆动操作。将绝缘斗摆动操作杆按标示的箭头方向扳动，使绝缘斗右摆动或左摆动。

（3）紧急停止操作。绝缘斗上的作业人员为避免危险情况需紧急停止工作臂的动作或操作控制出现失控等情况，应操作紧急停止操作杆，这样，上部的动作均停止，但发动机不会停止运转。

5. 控制台处操作

在控制台处进行工作臂的操作及回转操作与在绝缘斗上的操作是一样的，紧急停止操作一般是地面上人员判断由上部斗内作业人员继续进行操作会出现危险的情况而进行应急操作。

6. 应急泵操作

绝缘斗臂车因发动机或液压泵出现故障，正常操作无法进行时，可起动应急泵操作，使绝缘斗上的作业人员安全下降到地面。操作前须确认取力器和发动机钥匙开关拨至"接通"位置。应急泵一次动作时间在 30s 内，到下一次起动必须要等待 30s 的间隔才可继续进行。

（三）使用绝缘斗臂车注意事项

（1）绝缘斗臂车操作员必须经过专业的技术培训，并且由接受作业任务的操作员进行操作。

（2）在天气情况恶劣、下雨及绝缘斗等部件潮湿时，应停止使用绝缘斗臂车。恶劣天气的标准为：

1）强风，10min 内的平均风速大于 10m/s；

2）大雨，一次降雨量大于 50mm；

3）大雪，一次积雪量大于 25mm。

在开阔平地上空 1m 处的风速概况可以参考表 5-1 风速与高差对应概况进行对比判断。

表 5-1　　　　　　风速与高差对应概况

地面上空 10m 处的风速（m/s）	地面上的状况
5.5～7.9	灰砂被吹起，纸片飞扬
8.0～10.7	树叶茂盛的大树摇动，池塘里泛起波浪
10.8～13.8	树干摇动，电线作响，雨伞使用困难
13.9～17.2	树干整体晃动严重，迎风步行困难

平均风速在离开地面的高度越高时就越大。在离地面高度超过 10m 时，应考虑风速的因素，作业高度处的风速应不超过 10m/s。

（3）夜间作业时，应确保作业现场照明满足工作需要，操作装置部分要确保照明，防止误操作。

（4）停车后，应垫好车轮的三角垫块，垫块的放置应有效防止车辆滑行。在有坡度的地面停放时，坡度不应大于 7° 且车头应向下坡方向。

（5）作业时注意事项：

1）在进行作业时，必须伸出水平支腿，以便可靠地支撑车体，确认着地指示灯亮（没有着地指示灯设置者，应逐一检查支腿着地情况）后，再进行作业。水平支腿未伸出支撑时，不得进行旋转动作，否则车辆有发生倾翻的危险（装有支腿张开幅度传感器及电脑控制作业范围的车辆除外）。在固定垂直支腿时，不要使垂直支腿支撑在路边沟槽上或软基地带，沟槽盖板破损时，会引起车辆倾翻。

2）绝缘斗内工作人员要佩戴安全带，将安全带的钩子挂在安全绳索的挂钩上。不要将可能损伤绝缘斗、绝缘斗内衬的器材堆放在绝缘斗内，当绝缘斗出现裂纹、伤痕等，会使其绝缘性能降低。绝缘斗内不要装载高于绝缘斗的金属物品，避免绝缘斗中金属部分接触到带电导线时，导致触电危险。任何人不得进入工作臂及其重物的下方。火源及化学物品也不得接近绝缘斗。

3）操作绝缘斗时，注意动作幅度，缓慢操作。假如急剧操纵操作杆，动作过猛有可能使绝缘斗碰撞较近的物体，造成绝缘斗损坏和人员受伤。在进行反向操作时，要先将操作杆返回到中间位置，使动作停止后再扳到反向位置。绝缘斗内人员工作时，要防止物品从斗内掉出去。

4）工作中还要注意以下情况。作业人员不得将身体越出绝缘斗之外，不要站在栏杆或踏板上进行作业。作业人员要站在绝缘斗底面以稳定的姿态进行作业。不要在绝缘斗内使用扶梯、踏板等进行作业，不要从绝缘斗上跨越到其他建筑物上，不要使用工作臂及绝缘斗推拉物体，不要在工作臂及绝缘斗安装吊钩、缆绳等起吊物品，绝缘斗不得超载。

（6）冬季及寒冷地区注意事项。在冬季室外气温低及降雪等情况进行作业时，因动作不便可能引起事故，应注意以下情况。

1）在降雪后进行作业，一定要先消除工作臂托架的限位开关等安全装置、各操作装置及其外围装置、工作臂、绝缘斗周围部分、工作箱顶、运转部位等部位的积雪，确认各部位动作正常后再进行作业。

2）清除积雪时，不要采用直接浇热水的方法，防止热水直接浇在操作装置部位、限位开关部位及检测器等的塑料件上，因温度急剧变化产生裂痕或开裂，造成机械装置故障。

3）气温降低及降雪时，对开关及操作杆的影响比正常情况严重，这是由于低温使得各操作杆的活动部分略有收缩引起的，功能方面不会受影响。在动作之前，多操作几次操作杆，并确认各操作杆都已经返回到原始位置之后，再进行正常作业。由于同样的原因，工作臂在动作中可能出现"噗"或"嘭"的声音，通过预热运转，随着油温及液压部件温度上升，这些声音会随之消失。

4）下雪天作业之后，在收回工作臂前，先清除工作臂托架上限位开关处的积雪，然后再收回工作臂。如果不先清除积雪就收回工作臂，会使积雪冻结，引起安全装置动作不可靠等问题。

三、绝缘斗臂车维护和保养

（一）日常检查

（1）外观检查。用肉眼检查绝缘部件表面损伤情况，如裂缝、绝缘剥落、深度划痕等。

（2）功能检查。斗臂车起动后，应在绝缘斗无人的情况下采用下控制系统工作一个循环。检查中应注意是否有液体渗出，液压缸有无渗漏、异常噪声、工作失误、漏油、不稳定运动或其他故障。

（二）定期检查

定期检查的周期，可根据生产厂商的建议和其他影响因素，如运行状况、保养程度、环境状况来确定，但定期检查的最大周期不超 12 个月。定期检查必须由专业人员完成。

（三）液压油使用及更换

斗臂车液压系统液压油清洁度降低或变质后，其电气性能会降低，从而影响绝缘斗臂车的性能。在购置新车使用 100h 或一个月（计数器读数）后，需更换液压油，以后每 1200h 或 12 个月更换一次液压油。每次更换液压油时，都需清洗油箱，清洗或更换回油过滤器及吸油过滤器的滤芯。

（四）车辆润滑保养

根据车辆润滑图，按规定的周期对车辆进行润滑保养，提高整车的性能，延长绝缘斗臂车的使用寿命。

每 30h 或每周一次对以下部件进行润滑，起吊部、摆动部、绝缘斗回转轴、平衡液压缸、升降液压缸、工作臂轴、回转臂轴。每 100h 或一个月、800h 或六个月对中心回转体、转动轴进行润滑。每 1200h 或 12 个月更换一次油脂（第一次更换时间为 100h 或一个月），包括小吊减速机齿轮油、同轴减速器齿轮油。

（五）绝缘部件保养

绝缘斗臂车在行进过程中绝缘斗必须回复到行驶位置。带吊臂的绝缘斗臂车，吊臂应卸掉或缩回。上臂应折起来，下臂应降下来，上、下臂均应回位到各自独立的支撑架上。伸缩臂必须完全收回。上、下臂必须固定牢靠，以防止在运输过程中由于晃动受到撞击而损坏。

绝缘斗臂车在行进过程中，高架装置也处于位移之中，两臂的液压操作系统必须切断，以防止绝缘斗的液压平衡装置来同摆动。

绝缘斗臂车在运输和库存过程中必须采用防潮保护罩进行防护，以免长期暴露在污染环境中，降低其绝缘耐受水平。

（六）车辆保养

必须有专用车库，库房内应具有防潮、防尘及通风等设施，如图5-4所示。

图5-4　绝缘斗臂车专用库房

经常清洗或清扫各部位，严禁使用高压水冲洗，冬季要防止冻结。为了延长底盘悬簧寿命，长时间停放时必须撑起垂直支腿。在屋顶较低的室内，应注意防止工作臂碰到屋顶而损坏。车辆在长期存放中，液压缸的活塞杆上要涂上防锈油，每1个月发动一次发动机，防止润滑部分出现油膜断开的现象。

四、绝缘斗臂车测试

绝缘斗臂车测试项目包括：绝缘斗耐压及泄漏电流试验、绝缘臂耐压及泄漏电流试验、整车耐压及泄漏电流试验、绝缘液压油击穿强度试验、绝缘胶皮管试验、斗臂车绝缘体材料性能试验。

（一）绝缘斗耐压及泄漏电流试验

绝缘斗（包括具有内、外绝缘斗的内衬斗、外层斗的交流耐压试验一般根据用户的需要确定）的交流耐压以及泄漏电流试验，一般采用连续升压法升压，试验电极一般采用宽为12.7mm的导电胶带设置。工频耐压试验过程中无火花、飞弧或击穿，无明显发热（温升小于10℃）为合格。

（二）绝缘臂耐压及泄漏电流试验

悬臂内绝缘拉杆、绝缘斗内小吊臂耐压检测与绝缘臂的耐压检测相同，一般采用连续升压法升压，试验电极一般采用宽为12.7mm的导电胶带设置。绝缘臂、悬臂内绝缘拉杆、绝缘斗内小吊臂工频耐压试验方法基本一致。试验过程中无火花、飞弧或击穿，无明显发热（温升小于 10℃）为合格。

为掌握绝缘斗臂车实际作业条件下的泄漏值，确保不停电作业安全，应对绝缘臂成品进行交流泄漏电流（全电流）试验。基上臂具有绝缘臂段的斗臂车，施加的交流工频电压值为 50kV，加压时间为 1min。

（三）绝缘液压油击穿强度试验

用于承受不停电作业电压的液压油，应进行击穿强度试验，更换、添加的液压油也必须试验合格。绝缘液压油的击穿强度试验应连续进行 3 次，油杯间隙为 2.5mm，升压速度为 2kV/s（匀速）。每次击穿后，用准备好的玻璃棒在电极间搅动数次或用其他方式搅动，清除因击穿而产生的游离碳，并静置 1～5min（气泡消失）。在试验中，每次单独击穿电压不小于 10kV，6 次试验的平均击穿电压不小于 20kV 为合格。

（四）绝缘胶皮管试验

斗臂车使用的绝缘胶皮管型式试验包括：机械疲劳试验、液压试验、漏油试验、长度改变试验、冷弯试验、电气性能试验、受损后试验。

（1）机械疲劳试验。胶皮管应同时承受装有金属管套的压力周期和胶皮管部分的弯折周期试验。

（2）液压试验。根据胶皮管的型号和用途，斗臂车的每一根胶皮管应进行液压试验，试验方法为：将胶皮管装置加压到使用压力的 120%，持续 3～60s，整个装配管不出现漏油或破损为合格。

（3）胶皮管漏油试验。将胶皮管装置加压到最低规定破裂压力表的 70%，持续（5±0.5）s。胶皮管不出现漏油或破损为合格。

（4）长度改变试验。胶皮管两管套之间至少应有 300mm 长的胶皮管，胶皮管加压到压力的 120%，持续 30s 后消除压力，当压力消除后，可使其恢复稳定状态达 30s，然后在距管套 250mm 处，对胶皮管外皮准确地标上标记，再将胶皮管加压到使用压力的 120%，持续 30s 并测出加压后套管与标记处的距离，胶皮管的长度改变不超过原来的 5% 为合格。

（5）冷弯试验。将胶皮管或胶皮管装置伸直，置于 -250℃ 温度下 24h。试样仍保持在该情况下，能均匀、一致地弯曲，其弯曲直径为胶皮管允许弯曲直径的两倍。标称内直径不小于 25.4mm 的胶皮管，其弯曲度为 90%。弯曲要在 8～12s 内完成。弯曲后，将试样置于室内待其恢复到室温，检查胶皮管外部情况是否存在破损现象，然后再进行漏油试验。胶皮管不出现破裂或漏油为合格。

（6）电气性能试验。只适用于斗臂车接地部分与绝缘斗之间承受不停电作业电压的胶皮管（包括光缆、平衡拉杆等），应在装配前进行。

（7）受损后试验。承受不停电作业电压的胶皮管，受损后会影响其电气性能，如果损坏严重，胶皮管可能会燃烧。

（五）斗臂车绝缘体材料性能试验

斗臂车绝缘体材料性能试验分为型式试验和出厂检验。绝缘臂、绝缘斗用绝缘材料物理、化学性能试验包括密度、吸水率、马丁氏耐热性、可燃性、气候环境、压缩试验、弯曲试验、冲击强度试验。绝缘臂、绝缘斗用绝缘材料电气性能试验包括体积电阻率、表面电阻率、介质损失角正切、相对介电常数、介电强度试验。

第二节　配网不停电作业先进装备

一、小型无支腿作业车

小型无支腿作业车作为配网不停电作业的绝缘斗臂车使用，特别适用于狭窄道路作业和简单快捷的作业项目。

以图 5-5 福特 LD-F550 为例，其底盘尺寸为 8077×2490×3124mm，6 个轮胎，发动机型号为 V10 6.8L，燃料为汽油，额定功率 215kW，高度 13.7m，单人单斗，最大作业幅度 9m，折叠伸缩臂，绝缘斗尺寸为 610×762×1067mm，绝缘斗载重 159kg，无支腿。

图 5-5　小型无支腿作业车

目前国内徐州海伦哲专用车辆股份有限公司（下称海伦哲）推出的 XHZ5072JGKY6 型高空作业车，也是一款性能达到国际先进水平的无支腿作业车，整车长度仅 6.3m，宽度仅 2.2m，机动性极高，其优点如下。

1. 工作性能好、作业区域大

采用折叠+伸缩工作臂的结构，兼备折叠臂和伸缩臂车型的优点，可以方便准确找准空中工作位置，提高工作效率，同时具有跨越空中障碍能力强的优点，本车作业幅度在全球同系列车型中名列前茅。

2. 无支腿作业

采用国际领先的扭力杆车桥稳定系统，实现轮胎支撑即可进行高空作业，作业效率高，作业占地小。

3. 提高安全性和舒适性

采用 3D 多功能手柄，轻松实现工作平台全方向运动。工作平台置于走台板平面上，进出工作平台非常方便。

4. 操作性能优良

全液压多路手动比例阀，操作简单，易于控制，调速性能好，可实现工作过程中各动作的无级调速、动作平稳、无冲击、无抖动。

二、履带式绝缘斗臂车

履带式绝缘斗臂车主要适合于城市电网、居民小区等狭小道路条件下的配电变压器、配电房不停电检修、故障抢修及设备更换等作业现场，特别适用于非硬化道路和恶劣环境下作业。

以武汉××公司的 VST-52-I 型号为例，如图 5-6 所示。其底盘采用意大利 HINOWA，尺寸为 7700×2100×2256mm，整车重 3.9t，燃料为柴油，17m 双人单斗，最大作业幅度 9m，折叠伸缩臂，绝缘斗尺寸 1070×610×1070mm，绝缘斗载重 200kg，蛙式支腿，具有一键自动支腿功能，最大支撑投影面积仅为 4.6m×4.6m。

图 5-6　VST-52-I 型履带式绝缘斗臂车

相比常规的车载绝缘斗臂车，履带式绝缘斗臂车属于非机动车辆，无常规车辆底盘，无需改装，无需上牌等优势。采用轻量化设计，出行与布置方便，对地面承重要求低，可满足丘陵地区、狭窄地带的特殊使用，对坡度要求低。

履带式绝缘斗臂车小巧轻便，具有可垂直升降、水平伸缩的特点，采用小型履带式底盘，具有较强的过障能力和空间适应性，能以 10 公里/小时的速度穿越农田、山地等非铺装地面到达工作位置，特别适合在丘陵田地等复杂地形作业，具有更高的机动性和灵活性，更好地适应了目前社会经济发展对供电保障的新要求。

作业斗可 180°翻转，具有主/从液缸找平工作斗功能，并可手动操作翻转，便于排水和清洁卫生。工作人员可从车上进入工作斗，也可将工作斗移至地面后进入工作斗。具备紧急停止装置，以防止意外发生；具有工作臂和支腿互锁装置，以确保车辆因误操作而引起倾翻；具有上臂角度限位及自动停止装置；备有应急泵，在发动机和泵出现意外时，操作应急泵使工作斗内的工作人员安全降落。

三、旁路作业设备

旁路不停电作业技术主要由柔性电力电缆、自锁定快速插拔式终端、自锁定快速插拔式中间接头、自锁定快速插拔式 T 型中间接头、绝缘引流线夹和旁路开关等部件组成。配电线路高压旁路系统施工法适用于高压配电线路，其原理是由旁路开关、柔性电缆和插拔式快速终端、直通中间接头以及"T"型中间接头方便快速地构成一个临时旁路供电电缆系统，其中配合直通中间接头和"T"型中间接头可以调节柔性电缆长度或连接支路数量，通过旁路开关操作，将电源引向临时旁路柔性电缆系统，然后再断开故障线路段电源，进入停电状态下检修，由临时旁路柔性电缆系统继续保证线路正常供电。在带电作业领域里推广应用旁路柔性电缆及插拔式快速终端和接头构成的临时旁路供电电缆系统，必将产生显著的经济效益和社会效益。

旁路作业车主要用于常规旁路不停电作业项目，解决架空线路、电缆线路等一次设备带电检修、更换等。以 900m 10kV 旁路作业电缆车为例，其电缆、开关、接头额定电压为 12/20kV，具备自动收放线功能，带 2 台旁路负荷开关及其他旁路作业附件。

单相便携型简易连接线夹，其线夹接点为铜质材料，开口宽度 28mm，额定使用电压 25kV，额定使用电流 200A。

负载不可切铠装直线连接头，额定使用电压 25kV，额定使用电流 200A，为预铸型可分离式设备，共有二端连接头供直线连接使用，外表加装铝制铠装，结构本身使用卡口式或牙口式插件，可与铠装连接插头连接使用。

负载不可切铠装分支连接头，额定使用电压 25kV，额定使用电流 200A，为预铸型可分离式设备，共有三端连接头，呈 T 形状，供分支线连接使用，外表加装铝制铠装，结构本身使用卡口式或牙口式插件，可与铠装连接插头连接使用。

负载启断开关，内部充灌六氟化硫（SF_6）绝缘气体，适用于 20kV 以下配电线路，开关二侧均装设三只套管插头，供接续高压旁路电缆，操作柄操作内部接续点合（OFF）与分（ON）动作，并提供相序检查设备，检查开关二侧 RST 是否同相序，确保操作人员作业安全。

移动箱变抢修车应用于旁路不停电作业如图 5-7 所示，如果架空配电线路检修、抢修或更换设备时，则可应用旁路电缆系统在现场组装足够长度的临时旁路供电线路，跨接检修或故障线路段，以旁路式移动箱变抢修车的车载高压柜作为配电线路断联点，组合成旁路电缆不停电作业系统。

旁路作业系统中还可配备电源车、箱变车、旁路车。

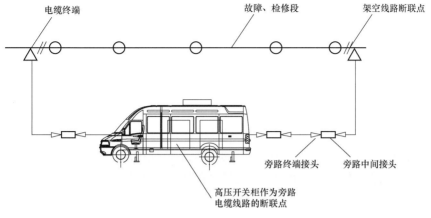

图 5-7 旁路系统接线图

四、张力转移操作杆

张力转移操作杆一般用于导线张力转移，制造线路断点，缩短作业半径，提高作业安全性。可用于绝缘杆作业法，与紧线器配合使用，用于临时线路组建和更换失效的绝缘体或绝缘连接组件，如图 5-8 所示。最大牵引力不小于 1.5t，重量不大于 4.5kg，回缩行程不大于400mm，伸展全长不小于 1500mm，产品绝缘材料选用环氧树脂材料，工艺美观。

图 5-8 张力转移操作杆

五、防电弧服

电弧是空气电离放电的一种形式，一般持续时间小于 1 秒，电弧弧柱核心温度可达20000℃，有极高的辐射能，具有爆炸性。电力系统发生短路、带负荷拉闸等都会发生电弧。短路发生的电弧称之为并联电弧、不停电作业带负荷断接引线发生的电弧称之为串联电弧。并联电弧能量大，产生时，电力系统的继电保护装置会迅速动作切断电路。串联电弧相对能量小，但继电保护装置不会动作，存在时间长。电弧能量的大小主要取决于系统容量、放电间隙的长短、电弧存在时间、产生电弧的作业环境（在封闭空间，电弧对人的伤害尤为严重）、作业人员与电弧的距离等。电弧能量造成的辐射能、熔融金属泼溅、二次火焰如变压器油燃烧、衣物引燃及熔化等都能对人员造成烧伤，也可使人受到电击致死，封闭空间强大的冲击力可对人造成严重的物理损伤。

防电弧服的防护效果是基于电弧放电的原理，能抵挡电弧的伤害主要源于防电弧服采用高科技的材料制成，如图 5−9 所示。该材料具有耐热、阻燃、不助燃、不熔融和 H 级电绝缘等永久性的防火、绝缘等特点。在电弧爆炸发生时，这种高科技材料会迅速地膨胀、织物炭化从而使防电弧服组织密度加大并变厚，迅速地形成保护层，从而使人体皮肤与电弧热能的接触伤害降至最低，如图 5−10 所示。特殊功能决定了防电弧服的优异特性，轻便、透气、透湿、永久防静电、健康环保等。防电弧服主要有防电弧夹克、防电弧裤子、防电弧腿套、防电弧手套、防电弧头罩等。

防电弧头罩　　　　　　防电弧手套　　　防电弧腿套

图 5−9　防电弧服装

图 5−10　防电弧服装人员穿戴

第六章
配网不停电作业相关标准解读

第一节 《配电线路带电作业技术导则》
（GB/T 18857—2019）
主要条款解读

一、范围

本标准规定了 10kV～35kV 电压等级配电线路带电作业的一般要求、工作制度、作业方式、技术要求、工器具试验及运输、作业注意事项和典型作业项目。

本标准适用于海拔 4500m 及以下地区 10kV 电压等级配电线路和海拔 1000m 及以下地区的 20kV～35kV 电压等级配电线路的带电检修和维护作业。3kV、6kV 线路的带电作业可参考本标准。

【条款解读】

本导则的内容围绕配电线路（架空）带电作业展开，不涉及电缆不停电作业，GB/T 18857—2019 与 GB/T 18857—2008 相比较的主要差异为：

1. 增加了海拔 1000m～4500m 地区 10kV 带电作业技术要求。

2. 增加了海拔 1000m 及以下地区 20kV、35kV 带电作业技术要求。

二、一般要求

1. 人员要求

（1）配电带电作业人员应身体健康，无妨碍作业的生理和心理障碍。应具有电工原理和电力线路的基本知识，掌握配电带电作业的基本原理和操作方法，熟悉作业工器具的适用范围和使用方法。熟悉 GB 26859 和本标准。应会紧急救护法，特别是触电解救。通过专门培训且考试合格取得资格，经本单位批准后，方可参加相应的作业。

（2）工作负责人（或专责监护人）应具有带电作业资格和实践工作经验，熟悉设备状况，具有一定组织能力和事故处理能力，通过专门培训且考试合格取得资格，经本单位批准后，方可负责现场的监护。

【条款解读】

对配电带电作业人员的要求包括身体素质要求和知识技能要求两部分。对工作负责人的要求将"3 年以上的配电带电作业实际工作经验"改为"应具有带电作业资格和实践工作经验"，与国家电网安质〔2014〕265 号《国家电网公司电力安全工作规程（配电部分）（试行）》一致。另外，没有对带电作业人员的配电线路工等专业技能水平提出要求。

2. 气象条件要求

（1）作业应在良好天气下进行，作业前应进行风速和湿度测量。风力大于 10m/s 或相对湿度大于 80% 时，不宜作业。如遇雷、雨、雪、雾时不应作业。

（2）在特殊或紧急条件下，必须在恶劣气候下进行带电抢修时，应针对现场气象和工作条件，组织有关工程技术人员和全体作业人员充分讨论，制定可靠的安全措施和技术措施，经本单位批准后方可进行。夜间抢修作业应有足够的照明设施。

（3）作业过程中如遇天气突然变化，有可能危及人身或设备安全时，应立即停止工作；在保证人身安全的情况下，尽快恢复设备正常状况，或采取其他措施。

【条款解读】

风力将影响电杆和带电作业装置的稳定性，湿度将影响绝缘工器具的绝缘性能，雷电将带来大气过电压，因此开展带电作业时需对气象条件予以高度关注。

3. 其他要求

（1）开展作业前，应勘察配电线路是否符合作业条件、同杆（塔）架设线路及其方位和电气间距、作业现场条件和环境及其他影响作业的危险点，并根据勘察结果确定作业方法、所需工具以及应采取的措施。

（2）对于复杂、难度大的新项目和研制的新工具，应进行试验论证，确认安全可靠，制订操作工艺方案和安全技术措施，并经本单位批准后方可使用。

（3）工作负责人在工作开始前，应与值班调控人员或运维人员联系。需要停用重合闸的作业和带电断、接引线工作应由值班调控人员履行许可手续。工作结束后应及时向值班调控人员或运维人员汇报。严禁约时停用或恢复重合闸。

（4）在作业过程中如设备突然停电，作业人员应视设备仍然带电。工作负责人应尽快与调度联系，调度未与工作负责人取得联系前不得强送电。

【条款解读】

其他要求与国家电网安质〔2014〕265 号《国家电网公司电力安全工作规程（配电部分）（试行）》相关要求一致。

三、工作制度

1. 工作票制度

（1）应按 GB 26859 中的规定，填写带电作业工作票。工作票由工作负责人按票面要求逐项填写。字迹应正确清楚，不得任意涂改。

（2）工作票的有效时间以批准检修期为限，已结束的工作票，应保存 12 个月。

（3）工作票签发人应熟悉作业人员技术水平、设备情况和本标准，具有带电作业资格和实践工作经验，经本单位批准后担任。

（4）工作票签发人不得同时兼任该项工作的工作负责人。

2. 工作监护制度

（1）作业应设专人监护，工作负责人（或专责监护人）应始终在工作现场，对作业人员的安全认真监护，及时纠正违反安全的动作。

（2）工作负责人（或专责监护人）不得擅离岗位或兼任其他工作。

（3）工作负责人（或专责监护人）的监护范围不得超过一个作业点。复杂的或高杆塔上的作业，必要时应增设专责监护人。

3. 工作间断和终结制度

（1）作业过程中，若因故需临时间断，在间断期间，工作现场的工具和器材应可靠固定，并保持安全隔离及派专人看守。

（2）间断工作恢复前，应检查作业现场的所有工具、器材和设备，确定安全可靠后才能重新工作。

（3）每项作业结束后，应仔细清理工作现场，工作负责人应检查设备上有无工具和材料遗留，设备是否恢复工作状态。全部工作结束后，应及时向值班调控人员或运维人员汇报。停用重合闸的作业和带电断、接引线工作应向值班调控人员履行工作终结手续。

【条款解读】

（1）保证安全的组织措施包括现场查勘制度、工作票制度、工作许可制度、工作监护制度、工作间断和转移制度、工作终结制度。

（2）工作票制度应按照 GB26859《电力安全工作规程电力线路部分》中的规定，填写《带电作业工作票》。

（3）工作间断的原因包括天气变化、工程配合等，由于配电安规规定"对同一电压等级、同类型、相同安全措施且依次进行的数条配电线路上的带电作业，可使用一张配电带电作业工作票"，这就涉及到工作转移。

（4）工作负责人在工作开始前，应与值班调控人员或运维人员联系，需要停用重合闸的作业和带电断、接引线工作应由值班调控人员履行许可手续，此条与国网配电安规一致。

（5）工作负责人在工作结束后应及时向值班调控人员或运维人员汇报。停用重合闸的作业和带电断、接引线工作应向值班调控人员履行工作终结手续，此条与国网配电安规一致。

四、作业方式

1. 绝缘杆作业法

（1）绝缘杆作业法是指作业人员与带电体保持规定的安全距离，穿戴绝缘防护用具，通过绝缘杆进行作业的方式。

（2）作业过程中有可能引起不同电位设备之间发生短路或接地故障时，应对设备设置绝缘遮蔽。

（3）绝缘杆作业法既可在登杆作业中采用，也可在斗臂车的工作斗或其他绝缘平台上采用。

（4）绝缘杆作业法中，绝缘杆为相地之间主绝缘，绝缘防护用具为辅助绝缘。

2. 绝缘手套作业法

（1）绝缘手套作业法是指作业人员使用绝缘斗臂车、绝缘梯、绝缘平台等绝缘承载工具与大地保持规定的安全距离，穿戴绝缘防护用具，与周围物体保持绝缘隔离，通过绝缘手套对带电体直接作业的方式。

（2）采用绝缘手套作业法时无论作业人员与接地体和相邻带电体的空气间隙是否满足规定的安全距离，作业前均应对人体可能触及范围内的带电体和接地体进行绝缘遮蔽。

（3）在作业范围窄小，电气设备布置密集处，为保证作业人员对相邻带电体或接地体的有效隔离，在适当位置还应装设绝缘隔板等限制作业人员的活动范围。

（4）在配电线路带电作业中，严禁作业人员穿戴屏蔽服装和导电手套，采用等电位作业方式。绝缘手套作业法不是等电位作业法。

（5）绝缘手套作业法中，绝缘承载工具为相地主绝缘，空气间隙为相间主绝缘，绝缘遮蔽用具、绝缘防护用具为辅助绝缘。

【条款解读】

（1）导则规范了绝缘杆作业法和绝缘手套作业法的定义，明确了作业过程中的绝缘遮蔽范围，强调了相应的主绝缘和辅助绝缘。

（2）导则没有从电位的角度强调配电线路带电作业方法，但明确指出绝缘手套作业法不是等电位作业。

五、技术要求

1. 最小安全距离

（1）在配电线路上采用绝缘杆作业法时，人体与带电体的最小安全距离（不包括人体活动范围）应符合表6-1的规定。

表 6-1　　　　　　　　　　　　　　最 小 安 全 距 离

额定电压（kV）	海拔（H/m）	最小安全距离（m）
10	H≤3000	0.4
	3000＜H≤4500	0.6
20	H≤1000	0.5
35	H≤1000	0.6

【条款解读】

需要注意的是 2008 版导则、2019 版导则、国网线路安规、国网配电安规等都没有规定配电带电作业人员处于相间时与邻相导线的最小安全距离。

国网配电安规中提到等电位作业人员对邻相导线的安全距离为 0.6m（10kV），导则强调了"配电线路带电作业，严禁作业人员穿戴屏蔽服装和导电手套，采用等电位作业方式。绝缘手套作业法不是等电位作业"。

（2）斗臂车的臂上金属部分在仰起、回转运动中，与带电体间的最小安全距离应符合表 6-2 的规定。

表 6-2　　　　　　斗臂车的臂上金属部分与带电体间的最小安全距离

额定电压（kV）	海拔（H/m）	最小安全距离（m）
10	H≤3000	0.9
	3000＜H≤4500	1.1
20	H≤1000	1.0
35	H≤1000	1.1

【条款解读】

2008 版的导则中，斗臂车的臂上金属部分与带电体间的最小安全距离未加区分，均为 1m。

（3）带电升起、下落、左右移动导线时，对与被跨物间的交叉、平行的最小安全距离应符合表 6-3 的规定。

表 6-3　　　　　　移动导线时，与被跨物间交叉、平行的最小安全距离

额定电压（kV）	海拔（H/m）	最小安全距离（m）
10	H≤3000	1.0
	3000＜H≤4500	1.2
20	H≤1000	1.1
35	H≤1000	1.2

2. 最小有效绝缘长度

（1）绝缘承力工具的最小有效绝缘长度应符合表 6-4 的规定。

表 6-4 绝缘承力工具最小有效绝缘长度

额定电压（kV）	海拔（H/m）	最小有效绝缘长度（m）
10	$H \leqslant 3000$	0.4
	$3000 < H \leqslant 4500$	0.6
20	$H \leqslant 1000$	0.5
35	$H \leqslant 1000$	0.6

（2）绝缘操作工具的最小有效绝缘长度应符合表 6-5 的规定。

表 6-5 绝缘操作工具最小有效绝缘长度

额定电压（kV）	海拔（H/m）	最小有效绝缘长度（m）
10	$H \leqslant 3000$	0.7
	$3000 < H \leqslant 4500$	0.9
20	$H \leqslant 1000$	0.8
35	$H \leqslant 1000$	0.9

【条款解读】

（1）需要注意的是 2008 版导则中，关于绝缘承载工具的最小有效绝缘长度不得小于 0.4m（10kV），而 2019 版导则没有相关规定。国网配电安规则规定了绝缘臂有效绝缘长度应不小于 1.0m（10kV）、1.2m（20kV）。

（2）如果将绝缘斗臂车绝缘臂内外表面展开，在相同的长度下由于表面积远大于绝缘承力工具杆件的表面积，且使用过程中特别是内表面更易积灰或脏污，其表面绝缘电阻会比绝缘承力工具小得多。

六、工器具的试验、运输及保管

（1）配电线路带电作业应使用额定电压不小于线路额定电压的工器具。工器具应通过型式试验，每件工器具应通过出厂试验并定期进行预防性试验，试验合格且在有效期内方可使用，试验应按 GB/T 12168、GB/T 13035、GB/T 13398、GB/T 17622、DL/T 676、DL/T 740、DL/T 803、DL/T 853、DL/T 878、DL/T 880、DL/T 976、DL/T 1125、DL/T 1465 执行。

（2）绝缘防护及遮蔽用具的预防性试验应符合表 6-6 的规定。

表 6 - 6 　　　　　　　　　　　　　　　　絶缘防护及遮蔽用具试验

额定电压（kV）	预防性试验		
	试验电压（kV）	试验时间（min）	试验周期
10	20	1	6 个月
20	30	1	6 个月
35	40	1	6 个月
试验中试品应无击穿、无闪络、无过热。			

（3）绝缘操作及承力工具的预防性试验应符合表 6-7 的规定。

表 6 - 7 　　　　　　　　　　　　　　　　绝缘工具试验

电压等级（kV）	海拔（H/m）	试验长度（m）	预防性试验		
			试验电压（kV）	试验时间（min）	试验周期
10	H≤3000	0.4	45	1	12 个月
	3000<H≤4500	0.6			
20	H≤1000	0.5	80	1	12 个月
35	H≤1000	0.6	95	1	12 个月
试验中试品应无击穿、无闪络、无过热。					

注：海拔为工器具试验地点的海拔高度，后文同。

【条款解读】

1）需要注意的是作为主绝缘的绝缘操作及承力工具，预防性试验标准与海拔高度有关。

2）绝缘操作及承力工具的预防性试验周期变化：2002 版（第一版）绝缘操作及承力工具的预防性试验周期 1 年 1 次，检查性试验周期 1 年 1 次，两种试验间隔半年；2008 版（第二版）绝缘操作及承力工具的预防性试验周期为 6 个月，删除了检查性试验的要求；2019 版（第三版）预防性试验周期再次调整为 12 个月。

（4）绝缘斗臂车的预防性试验应满足下列要求：

1）绝缘斗臂车交流耐压试验应符合表 6-8 的规定。

表 6 - 8 　　　　　　　　　　　　　　　　绝缘斗臂车交流耐压试验

额定电压（kV）	海拔（H/m）	试验项目	试验长度（m）	预防性试验		
				试验电压（kV）	试验时间（min）	试验周期
10	H≤3000	绝缘臂	0.4	45	1	12 个月
		整车	1.0	45	1	12 个月
		绝缘内斗层向	—	45	1	12 个月
		绝缘外斗沿面	0.4	45	1	12 个月
	3000<H≤4500	绝缘臂	0.6	45	1	12 个月
		整车	1.2	45	1	12 个月

续表

额定电压（kV）	海拔（H/m）	试验项目	试验长度（m）	预防性试验		
				试验电压（kV）	试验时间（min）	试验周期
10	3000＜H≤4500	绝缘内斗层向	—	45	1	12 个月
		绝缘外斗沿面	0.4	45	1	12 个月
20	H≤1000	绝缘臂	0.5	80	1	12 个月
		整车	1.2	80	1	12 个月
		绝缘内斗层向	—	45	1	12 个月
		绝缘外斗沿面	0.4	45	1	12 个月
35	H≤1000	绝缘臂	0.6	105	1	12 个月
		整车	1.5	105	1	12 个月
		绝缘内斗层向	—	45	1	12 个月
		绝缘外斗沿面	0.1	45	1	12 个月

试验中试品应无击穿、无闪络、无过热。

2）绝缘斗臂车交流泄漏电流试验应符合表 6-9 的规定。

表 6-9　　　　　　　　　　绝缘斗臂车交流泄漏电流试验

额定电压（kV）	海拔（H/m）	试验项目	试验长度（m）	预防性试验		试验周期
				试验电压（kV）	泄漏电流（μA）	
10	H≤3000	绝缘臂	0.4	—	—	12 个月
		整车	1.0	20	≤500	12 个月
		绝缘外斗沿面	0.4	20	≤200	12 个月
	3000＜H≤4500	绝缘臂	0.6	—	—	12 个月
		整车	1.2	20	≤500	12 个月
		绝缘外斗沿面	0.4	20	≤200	12 个月
20	H≤1000	绝缘臂	0.5	—	—	12 个月
		整车	1.2	40	≤500	12 个月
		绝缘外斗沿面	0.4	20	≤200	12 个月
35	H≤1000	绝缘臂	1.5	—	—	12 个月
		整车	1.5	70	≤500	12 个月
		绝缘外斗沿面	0.4	20	≤200	12 个月

【条款解读】

1）绝缘臂、整车、绝缘外斗沿面两类试验均要做，绝缘内斗层向仅需做交流耐压试验。

2）需要注意的是不论电压等级还是海拔高度，绝缘斗臂车交流耐压试验时"绝缘内斗层向"和"绝缘外斗沿面"的试验标准是一样的。不论电压等级还是海拔高度，绝缘斗臂车交流泄漏电流试验时"绝缘外斗沿面"泄漏的试验标准是一样的。

（5）绝缘平台的预防性试验应满足下列要求：

1）绝缘平台交流耐压试验应符合表6-10的规定。

表6-10　　　　　　　　　　　绝缘平台交流耐压试验

额定电压（kV）	海拔（H/m）	试验长度（m）	预防性试验		
			试验电压（kV）	试验时间（min）	试验周期
10	$H{\leqslant}3000$	0.4	45	1	12个月
	$3000{<}H{\leqslant}4500$	0.6	45	1	12个月
20	$H{\leqslant}1000$	0.5	80	1	12个月
35	$H{\leqslant}1000$	0.6	95	1	12个月
试验中试品应无击穿、无闪络、无过热。					

2）绝缘平台交流泄漏电流试验应符合表6-11的规定。

表6-11　　　　　　　　　　　绝缘平台交流泄漏电流试验

额定电压（kV）	海拔（H/m）	试验长度（m）	预防性试验		
			试验电压（kV）	泄漏电流（μA）	试验周期
10	$H{\leqslant}3000$	0.4	20	≤200	12个月
	$3000{<}H{\leqslant}4500$	0.6	20	≤200	12个月
20	$H{\leqslant}1000$	0.5	40	≤200	12个月
35	$H{\leqslant}1000$	0.6	70	≤200	12个月

【条款解读】

绝缘平台的预防性试验内容与绝缘斗臂车一样，有交流耐压试验和泄漏电流试验。其交流耐压试验标准与绝缘工具的一致，试验周期为12个月。

（6）工具的运输及保管应满足下列要求：

1）在运输过程中，绝缘工具应装在专用工具袋、工具箱或专用工具车内，以防受潮和损伤。

2）绝缘工具在运输中应防止受潮、淋雨、暴晒、碰撞等，内包
装运输袋可采用塑料袋，外包装运输袋可采用帆布袋或专用皮（帆布）箱。

3）带电作业使用工具应存放在专用库房里，带电作业使用工具库房应满足DL/T 974的规定。

【条款解读】

绝缘工具在运输中应特别注意受潮和损伤，以防影响其绝缘性能。

七、作业注意事项

（1）作业前工作负责人应根据作业项目确定操作人员，如作业当天出现某作业人员精神

和体力明显不适的情况时，应及时更换人员，不得强行要求作业。

（2）作业前应根据作业项目和作业场所的需要，配足绝缘防护用具、遮蔽用具、操作工具、承载工具等，并检查是否完好，工器具应分别装入工具袋中带往现场。在作业现场应选择不影响作业的干燥、阴凉位置，将作业工器具分类整理摆放在防潮布上。

（3）绝缘斗臂车在使用前应检查其表面状况，若绝缘臂、斗表面存在明显脏污，可采用清洁毛巾或棉纱擦拭，清洁完毕后应在正常工作环境下置放 15min 以上。绝缘斗臂车在使用前应空斗试操作 1 次，确认液压传动、回转、升降、伸缩系统工作正常，操作灵活，制动装置可靠。

（4）到达现场后，在作业前应检查确认在运输、装卸过程中工器具有无螺帽松动，绝缘遮蔽用具、防护用具有无破损，并对绝缘操作工具进行绝缘电阻检测。

（5）每次作业前全体作业人员应在现场列队，由工作负责人布置工作任务，进行人员分工，交代安全技术措施，现场施工作业程序及配合等，并检查有关的工具、材料，备齐且合格后方可开始工作。

（6）作业人员在工作现场应检查电杆及电杆拉线，必要时应采取防止倒塌的措施。

（7）作业人员应根据地形地貌，将绝缘斗臂车定位于最适于作业的位置，绝缘斗臂车应良好接地。作业人员进入工作斗后应系好安全带，注意周边电信和高低压线路及其他障碍物，选定合适的绝缘斗升降回转路径，平稳地操作。

（8）采用绝缘斗臂车作业前，应考虑工作负载及工器具和作业人员的重量，严禁超载。

（9）绝缘手套和绝缘靴在使用前应压入空气，检查有无针孔缺陷；绝缘袖套在使用前应检查有无刺孔、划破等缺陷。若存在以上缺陷，应退出使用。

（10）作业人员进入绝缘斗之前应在地面上将绝缘安全帽、绝缘靴（鞋）、绝缘服（披肩、袖套）、绝缘手套及外层防刺穿手套等穿戴妥当，并由工作负责人（或专责监护人）进行检查，作业人员进入工作斗内或登杆到达工作位置后，应先系好安全带。

（11）在工作过程中，绝缘斗臂车的发动机不得熄火（电力驱动除外）。凡具有上、下绝缘段而中间用金属连接的绝缘伸缩臂，作业人员在工作过程中应不接触该金属件。作业过程中不允许绝缘斗臂车工作斗触及导线，工作斗的起升、下降速度不应大于 0.5m/s，回转机构回转时，工作斗外缘的线速度不应大于 0.5m/s。

（12）在接近带电体的过程中，应从下方依次验电，对人体可能触及范围内的低压线支承件、金属紧固件、横担、金属支承件、带电导体亦应验电，确认无漏电现象。

（13）验电时人应处于与带电导体保持足够安全距离的位置。在低压带电导线或漏电的金属紧固件未采取绝缘遮蔽或隔离措施时，作业人员不得穿越或碰触。

（14）对带电体设置绝缘遮蔽时，应按照从近到远的原则，从离身体最近的带电体依次设置；对上下多回分布的带电导线设置遮蔽用具时，应按照从下到上的原则，从下层导线开始依次向上层设置；对导线、绝缘子、横担的设置次序应按照从带电体到接地体的原则，先放导线遮蔽用具，再放绝缘子遮蔽用具，然后对横担进行遮蔽，遮蔽用具之间接合处的重合长度应不小于表 6-12 的规定，如果重合部分长度无法满足要求，应使用其他遮蔽用具遮蔽接合处，使其重合长度满足要求。

表 6-12　　　　　　　　　　　　　　　　绝缘遮蔽的重合长度

额定电压（kV）	海拔（H/m）	重合长度（mm）
10	H≤3000	150
	3000<H≤4500	200
20	H≤1000	200
35	H≤1000	300

（15）如遮蔽罩有脱落的可能时，应采用绝缘夹或绝缘绳绑扎，以防脱落。作业位置周围如有接地拉线和低压线等设施，也应使用绝缘挡板、绝缘毯、遮蔽罩等对周边物体进行绝缘隔离。另外，无论导线是裸导线还是绝缘导线，在作业中均应进行绝缘遮蔽。对绝缘子等设备进行遮蔽时，应避免人为短接绝缘子片。

（16）拆除遮蔽用具应从带电体下方（绝缘杆作业法）或者侧方（绝缘手套作业法）拆除绝缘遮蔽用具，拆除顺序与设置遮蔽相反；应按照从远到近的原则，即从离作业人员最远的开始依次向近处拆除；如是拆除上下多回路的绝缘遮蔽用具，应按照从上到下的原则，从上层开始依次向下顺序拆除；对于导线、绝缘子、横担的遮蔽拆除，应按照先接地体后带电体的原则，先拆横担遮蔽用具（绝缘垫、绝缘毯、遮蔽罩）、再拆绝缘子遮蔽用具、然后拆导线遮蔽用具。在拆除绝缘遮蔽用具时应注意不使被遮蔽体显著振动，应尽可能轻地拆除。

（17）从地面向杆上作业位置吊运工器具和遮蔽用具时，工器具和遮蔽用具应分别装入不同的吊装袋，避免混装。采用绝缘斗臂车的绝缘小吊或绝缘滑轮吊放时，吊绳下端不应接触地面，应防止吊绳受潮及缠绕在其他设施上，吊放过程中应边观察边吊放。杆上作业人员之间传递工具或遮蔽用具时应一件一件地分别传递。

（18）工作负责人（或专责监护人）应时刻掌握作业的进展情况，密切注视作业人员的动作，根据作业方案及作业步骤及时做出适当的指示，整个作业过程中不得放松危险部位的监护工作。工作负责人应时刻掌握作业人员的疲劳程度，保持适当的时间间隔，必要时可以两班交替作业。

八、典型作业项目及安全事项

1. 更换直线杆绝缘子

（1）对作业范围内的带电导线、绝缘子、横担等均应进行遮蔽。

（2）可采用绝缘斗臂车小吊臂法、羊角抱杆法或吊、支杆法等进行更换，严禁用绝缘斗臂车的斗支撑导线。拆除或绑扎绝缘绑扎线时应边拆（绑）边卷，绑扎线的展放长度不得大于 0.1m，绑扎完毕后修剪掉多余部分。

2. 断、接引线

（1）严禁带负荷断、接引线。带电断、接空载线路时，应确认后端所有断路器（开关）、隔离开关（刀闸）已断开，变压器、电压互感器已退出运行。

（2）带电断、接空载线路时，作业人员应戴护目镜，并应采取消弧措施。断、接线路为空载电缆等容性负载时，应根据线路电容电流的大小，采用带电作业用消弧开关及操作杆等专用工具。

（3）在查明线路确无接地、绝缘良好、线路上无人工作且相位确定无误后，方可进行带电断、接引线。

（4）带电接引线时未接通相的导线及带电断引线时已断开相的导线将因感应带电。为防止电击，应采取措施后才能触及。

（5）禁止同时接触未接通的或已断开的导线两个断头，以防人体串入电路。

（6）禁止用断、接空载线路的方法使两电源解列或并列。

（7）所接引流线应长度适当，与周围接地构件、不同相带电体应有足够的安全距离，连接应牢固可靠。断、接时可采用锁杆防止引线摆动。

3. 更换跌落式熔断器

（1）当配电变压器低压侧可以停电时，应用绝缘拉闸杆断开三相跌落式熔断器后再进行更换。

（2）当配电变压器低压侧不能停电时，可采用专用的绝缘引流线旁路跌落式熔断器以及两端引线，在带负荷的状况下更换跌落式熔断器，绝缘引流线和两端线夹的载流容量应满足最大负荷电流的要求。更换完成后应先合上跌落式熔断器，再拆除旁路引流线。

（3）三相跌落式熔断器之间宜设置绝缘隔离工具，三相引线、绝缘子及横担处均应设置绝缘遮蔽。

（4）一相更换完毕后，应及时对其恢复遮蔽，然后再更换另一相。

4. 更换直线横担

（1）应根据线路状况确定合适的作业方法，宜采用临时绝缘横担、导线提升器等作业。大截面导线线路宜采用带绝缘滑车组的吊杆法作业。

（2）吊装导线时，绝缘承力工具的有效绝缘长度应符合规定，荷载的安全系数应不小于 3。

5. 带负荷加装分段开关、隔离刀闸等

（1）带负荷作业所用的绝缘引流线和两端线夹的载流容量应满足最大负荷电流的要求，其绝缘层应通过工频耐压试验，组装旁路引流线的导线处应清除氧化层，且线夹接触应牢固可靠。

（2）用旁路引流线带电短接载流设备前，应核对相位，载流设备应处于正常通流或合闸位置。

（3）在装好旁路引流线后，用钳形电流表检查确认通流正常。

（4）带负荷加装分段开关或负荷刀闸时，在切断导线并做好终端头之前，应装设防导线松脱的保险绳，保险绳应具有良好的绝缘性能和足够的机械强度。

（5）在装好分段开关或负荷刀闸后，应合上并检查确认通流正常后再拆除旁路引流线。

【条款解读】

正文中的 5 个典型作业项目，需要注意的是第一个项目的名称由"更换针式绝缘子"改为了"更换直线杆绝缘子"，该项目的安全注意事项中没有强调导线提升 0.4m 的高度。

第二节 《10kV 配网不停电作业规范》 （Q/GDW 10520—2016） 主要条款解读

本规范立足公司配网不停电作业发展规划和管理思路，结合公司系统各单位配网不停电作业开展的实践经验和管理特点，以提升公司配网不停电作业专业管理水平为基本出发点进行编写，共包含 11 章正文内容及 4 个附录，规范充分考虑了各单位传统作业习惯和方法差异，为不停电作业工作安全有序开展提供指导。

规范正文部分明确了公司各级管理部门的职责，规定了不停电作业项目的分类原则，提出"规划与统计""人员资质与培训管理""作业项目管理""不停电作业工器具及车辆管理""资料管理"等具体要求。附录 A 对已开展的常用不停电作业项目进行了规范性分类；附录 B 规定了作业次数、不停电作业时间等定义及计算公式；附录 C 编制了现场作业规范；附录 D 提出了开展不同作业项目的最少人员、工器具及车辆的配置原则，为不停电作业班组人员和装备配置提供参考。

1 范围

本标准适用于国家电网公司系统 10kV 配网架空线路、电缆线路不停电作业工作。

2 规范性引用文件

3 术语和定义

3.1 不停电作业

以实现用户的不停电或短时停电为目的，采用多种方式对设备进行检修的作业。

3.2 旁路作业

通过旁路设备的接入，将配网中的负荷转移至旁路系统，实现待检修设备停电检修的作业方式。

【条款解读】

不停电作业是从实现用户不停电的角度定义电力设备的检修工作，而带电作业是从电力设备带电运行状态定义检修工作，不停电作业强化了检修工作对用户的服务意识。

4 总则

【条文说明】

本章说明了配网不停电作业的范围和对供电可靠性提升的作用，并对全文进行了概述性介绍。

4.1 10kV 配网不停电作业（以下简称不停电作业）是提高配网供电可靠性的重要手段。为加强不停电作业管理，规范现场标准化作业流程，促进不停电作业的稳步发展，依据国家和行业的有关法规、规程及相关技术标准，结合不停电作业工作的实际情况，制定了本规范。

4.2 本规范对不停电作业各级单位的职责、作业项目及分类、规划与统计管理、人员资质与培训管理、工器具与车辆管理以及资料管理等方面提出了规范性要求。

4.3 本规范适用于国家电网公司系统 10kV 配网架空线路、电缆线路不停电作业工作。

4.4 配网检修作业应遵循"能带不停"的原则。

【条款解读】

明确提出配网检修作业应遵循"能带不停"的原则，即配网检修工作应尽可能地采取不停电的方式进行，这将推动配网检修工作方式的变革。

5 职责分工

【条文说明】

本章详细说明了各级管理部门和运行单位的职责分工，并对中国电科院、省级电科院等科研机构的主要职责进行了说明。配网不停电作业的广泛开展需要技术的支撑，更需要管理的支持，强有力的管理体系、有效的组织体系和周全的技术保障体系是各基层单位常态化开展不停电作业的前提。

5.1 总则

5.1.1 不停电作业按照分级管理、分工负责的原则，实行专业化管理。

5.1.2 各级运维检修部为不停电作业归口管理部门。

5.2 国家电网公司职责

5.2.1 贯彻执行国家有关法律法规和国家、行业相关标准，负责制定国家电网公司不停电作业管理制度、技术标准，并组织实施。

5.2.2 指导、监督、检查、考核各省公司配网不停电作业专业管理工作，协调解决不停电作业管理中的重大问题。

5.2.3 定期开展不停电作业专业分析和总结工作，组织开展不停电作业核心技术问题研究和科技攻关、重大事故调查分析并制定事故预防措施。

5.2.4 组织开展国家电网公司系统不停电作业发展规划的编制与审查，并督促实施。

5.2.5 组织召开国家电网公司系统不停电作业专业会议、技术交流、劳动竞赛和培训，组织开展有关新设备、新技术、新产品、新工艺的开发和推广应用。

5.2.6 制定不停电作业实训基地技术资质标准，审查、认证、复核国家电网公司不停电作业实训基地资质。

5.2.7 制定具有不停电作业资格证的作业人员的特种津贴标准。

5.2.8 制定不停电作业工器具、车辆、库房配置标准。

5.3 省（自治区、直辖市）公司职责

5.3.1 贯彻落实国家电网公司有关不停电作业管理制度、技术标准。

5.3.2 应设置配网不停电作业管理岗位，配备专职或兼职的专责人员，明确管理职责和工作要求，落实岗位责任制。

5.3.3 指导、监督、检查、考核所属各单位不停电作业专业管理工作，协调解决本单位不停电作业管理中的突出问题。

5.3.4 审批所属各单位开展不停电作业新项目（含新开展、开发的作业项目和研制试用的新工器具、新工艺等），组织开展不停电作业新项目的开发和技术鉴定。

【条款解读】

省公司负责对地市公司开展的新项目从业人员、装备及安全措施等方面进行审批，对本省范围内未开展过的新项目统一组织开发和技术鉴定。

5.3.5 定期开展不停电作业数据统计分析、专业总结、重点技术问题研究、科技攻关和事故调查分析，制定事故预防措施。

5.3.6 开展本单位不停电作业发展规划和年度计划的编制与审查工作，并督促其实施。

5.3.7 组织召开本单位不停电作业专业会议、专业技术交流、劳动竞赛和培训，开展有关新设备、新技术、新产品、新工艺的研究和推广应用。

5.3.8 负责制定不停电作业用绝缘斗臂车（以下简称斗臂车）、旁路作业车、移动箱变车、防护用具、工器具、库房等技改、大修、购置年度计划。

5.4　地市公司职责

5.4.1 贯彻执行上级颁布的有关不停电作业相关管理制度及技术标准，结合本地区实际情况建立健全现场操作规程和标准化作业流程，落实各级岗位职责。

5.4.2 指导、监督、检查、考核各县公司配网不停电作业专业管理工作，协调解决不停电作业管理中的具体问题。

5.4.3 编制本地区不停电作业发展规划、年度计划，并组织实施。

5.4.4 将配网工程纳入不停电作业流程管理，并在配网工程设计时优先考虑便于不停电作业的设备结构及型式。

【条款解读】

地市公司在配网建设或改造工程设计时，结合本市不停电作业发展水平从国网典设中优先选取便于实施不停电作业的设备结构型式。

5.4.5 定期进行不停电作业数据统计，开展情况评估、专业分析及总结工作，开展不停电作业有关技术问题研究和科技攻关、事故调查分析和制定事故预防措施。

5.4.6 开展各类岗位培训，认真做好新设备、新技术、新产品、新工艺和科技成果的应用工作。

5.4.7 针对不停电作业工作中的问题，积极组织开展专题研究，及时修编现场作业规程和标准化作业指导书等。

5.4.8 定期进行绝缘斗臂车、旁路作业设备及工器具的检查、保养、维护。

5.5　县公司职责

5.5.1 贯彻执行上级颁布的有关不停电作业相关管理制度及技术标准，结合实际情况建立健全现场操作规程和标准化作业流程，落实各级岗位职责。

5.5.2 按照地县公司协作、县公司区域合作等方式，集约人员、装备等资源，在县域电网稳步推进配网不停电作业。

【条款解读】

县域不停电作业工作鼓励采取地县公司协作、县公司区域合作等方式，合理配备人员、装备，适当开展简单的不停电作业项目，建立不停电作业理念，提升县域用户不停电接入率。

5.5.3 编制县域范围不停电作业发展规划、年度计划，并组织实施。

5.5.4 将配网工程纳入不停电作业流程管理，并在配网工程设计时优先考虑便于不停电作业的设备结构及型式。

5.5.5 定期进行不停电作业数据统计，开展情况评估、专业分析及总结工作。

5.5.6 开展各类岗位培训，认真做好新设备、新技术、新产品、新工艺和科技成果的应用工作。

5.5.7 针对不停电作业工作中的问题，积极组织开展专题研究，及时修编现场作业规程和标准化作业指导书等。

5.5.8 定期进行绝缘斗臂车、旁路作业设备及工器具的检查、试验、保养、维护。

5.6 中国电科院职责

5.6.1 中国电科院是国家电网公司系统不停电作业技术支撑单位。

5.6.2 建立不停电作业技术标准体系，并根据不停电作业技术发展进行标准制（修）订。

5.6.3 动态跟踪公司系统各单位不停电作业开展情况，负责开展不停电作业数据统计及分析、不停电作业工作情况抽查、现场安全督查、能力评估等工作。

5.6.4 协助国家电网有限公司进行不停电作业实训基地资质审查、复审及师资培训工作。

5.6.5 充分发挥配网不停电作业技术交流平台作用，促进公司系统各单位间不停电作业技术交流。

5.6.6 针对不停电作业共性问题，组织开展专题研究并提出解决方案。

5.7 省级电科院职责

5.7.1 省级电科院是省公司不停电作业技术支撑单位。

5.7.2 编制不停电作业技术标准实施细则，促进不停电作业技术标准贯彻落实。

5.7.3 动态跟踪省公司不停电作业开展情况，负责开展省公司各单位不停电作业数据统计及分析、不停电作业工作情况抽查、现场安全督查、能力评估等工作。

5.7.4 协助省公司进行不停电作业实训基地建设、人员培训工作。

5.7.5 协助省公司进行不停电作业技术交流、技能竞赛等专项活动。

5.7.6 协助省公司开展不停电作业工具试验及监督，具备条件的可开展工具试验。

【条款解读】

省级电科院对本省内各单位不停电作业工具试验负有技术监督的责任，具备条件的可开展工具试验，不具备条件的可送外部试验机构进行，省级电科院协助省公司对外部试验机构的试验能力进行审核。

6 项目分类

6.1 不停电作业方式可分为绝缘杆作业法、绝缘手套作业法和综合不停电作业法。

【条款解读】

综合不停电作业法是指综合运用绝缘杆作业法、绝缘手套作业法以及旁路（临时电缆）、发电车、移动箱变车等设备的大型作业项目。相对人员规模、工器具设备投入要求较高。

6.2 常用配网不停电作业项目按照作业难易程度，可分为四类：

a）第一类为简单绝缘杆作业法项目。包括普通消缺及装拆附件、带电更换避雷器等。

b）第二类为简单绝缘手套作业法项目，包括带电断接引流线、更换直线杆绝缘子及横担、更换柱上开关或隔离开关等。

c）第三类为复杂绝缘杆作业法和复杂绝缘手套作业法项目。复杂绝缘杆作业法项目包括更换直线杆绝缘子及横担、带电断接空载电缆线路与架空线路连接引线等；复杂绝缘手套作业法项目包括带负荷更换柱上开关或隔离开关、直线杆改耐张杆等。

d）第四类为综合不停电作业项目，包括不停电更换柱上变压器、旁路作业检修架空线路、从环网箱（架空线路）等设备临时取电给环网箱（移动箱变）供电等。

【条款解读】

（1）第6.2（a）条中，普通消缺及装拆附件（包括：修剪树枝、清除异物、扶正绝缘子、拆除退役设备；加装或拆除接触设备套管、故障指示器、驱鸟器等），其中部分项目为临近带电体作业（指安全距离大于0.4m，但小于0.7m的作业项目），临近带电体作业虽不属于严格意义的不停电作业，考虑到公司各级单位在作业开展程度及资金投入上的差异性，特将临近带电体作业列入第一类项目（第一类项目无需配置绝缘斗臂车），以鼓励不停电作业在公司各级单位内的广泛开展。

（2）第6.2（b）条中，带电是指配电线路处于带电状态，需更换设备处于断开（拉开、开口）状态的作业项目，更换设备处于不带负荷。第二类项目需配置绝缘斗臂车或绝缘工作平台，考虑到线间及对地安全距离的保持，建议工作过程中采用单斗单人作业方式，防止两人同时作业时误碰非作业相或接地体。

（3）第6.2（c）条中，带负荷是指需更换设备处于闭合（合上、闭口）状态的作业项目。考虑到绝缘杆作业法中复杂项目的作业难度及作业人员的体力付出，延续原《规范》将其列入第三类项目。

（4）第6.2（d）条中，第四类项目综合不停电作业项目属多种作业方式的较大规模的配合协同工作。

7 规划与统计

【条文说明】

本章说明了对配网不停电作业的规划方法和统计方法，不停电作业的开展要与所在区域的供电可靠性需求紧密结合，合理规划人员、设备的投入产出比，在满足现场需求的前提下，不浪费、不过度超前。

7.1 各省公司应将配网不停电作业发展规划纳入运检专业规划统一管理。规划内容应包括：

a）现状分析：对本单位当前供电可靠率指标、不停电作业开展情况、人员配置情况、车辆及工器具配备情况和项目开展情况进行统计分析。

b）规划目标：根据国家电网有限公司统一要求和工作实际，按照远近结合、适度超前的原则，制定明确、合理的规划目标。

c）具体措施：根据配网规划目标，从组织机构、人员、工器具和车辆配置、技能提升、项目拓展、资金安排等方面制订具体的落实措施。

【条款解读】

各省公司不再单独制定配网不停电作业发展规划，但要将其纳入运检专业规划统一管理，配网发展、建设应充分考虑从装置、布局（包括线间距离、对地距离等）上向有利于不停电作业工作方向发展。

7.2 应按月进行不停电作业统计、报送，并做好年度总结工作。根据规划和实际情况，编制次年不停电作业工作计划，经分管领导批准后执行。

7.3 不停电作业应统计：作业次数、作业时间、减少停电时户数、多供电量、工时数、提高供电可靠率、带电作业化率。

【条款解读】

（1）不停电作业统计是专业管理的重点工作，设置统计指标的目的是为了全面反映基层不停电作业开展情况，有利于上级部门合理制定不停电作业发展规划，列支投入资金，全面促进不停电作业发展。

（2）经往年开展的数据核查和评估工作，统一了不停电作业次数统计标准：按照常用不停电作业项目统计，同一工作日同一杆、同一档架空线路或同一座环网箱、同一条电缆的作业项目按一次统计，不分相次。

8　人员资质与培训管理

【条文说明】

本章说明了对配网不停电作业人员技术技能及资质的要求，以及对培训中心的工作开展要求。由于不停电作业危险等级高、难度大，因此对人员的技能水平和稳定性提出了较高的要求，同时要求培训中心对其严格培训、严格管理，严禁无证上岗。

8.1 不停电作业人员应从具备配电专业初级及以上技能水平的人员中择优录用，并持证上岗。

【条款解读】

持证上岗是指不停电作业人员所持证书经国家电网有限公司级和省公司级配网不停电作业实训基地培训并考核合格，所取得的配网不停电作业资质证书。不停电作业人员是指杆上或斗内作业人员，作业中直接接触或通过绝缘工具接触带电设备，不包含地面辅助作业人员。

8.2 不停电作业人员资质申请、复核和专项作业培训按照分级分类方式由国家电网有限公司级和省公司级配网不停电作业实训基地分别负责。国家电网有限公司级基地负责一至四类项目的培训及考核发证；省公司级基地负责一、二类项目的培训及考核发证。不停电作业实训基地资质认证和复核执行国家电网有限公司《带电作业实训基地资质认证办法》相关规定。

【条款解读】

不停电作业资质证书分三种：

（1）配网不停电作业资质证书—简单项目（一、二类）：授予经国家电网有限公司级或省公司级实训基地培训并通过考核的人员。

（2）配网不停电作业资质证书—复杂项目（三、四类）：授予经国家电网有限公司级实训基地培训并通过考核的人员。

（3）配网不停电作业资质证书—电缆：授予经国家电网有限公司级实训基地培训并通过考核的人员（从事电缆线路运行检修）。

8.3 绝缘斗臂车等特种车辆操作人员及电缆、配网设备操作人员需经培训、考试合格后，持证上岗。

【条款解读】

对于绝缘斗臂车等车辆的操作人员需持证上岗，由于各单位差异较大，部分单位认为绝缘斗臂车属特种车辆操作，应向国家相关认证部门取证；部分单位认为国家未颁布相关标准，由省公司相关管理部门认证即可；讨论仍保持为斗臂车操作人员应先取得国家相关认证部门认证，各单位可根据各自情况进行二次认证。

8.4 工作票许可人、地面辅助电工等不直接登杆或上斗作业的人员需经省公司级基地进行不停电作业专项理论培训、考试合格后，持证上岗。

【条款解读】

考虑基层单位不停电作业人员配备实际困难，工作票许可人和地面辅助人员不要求取得配网不停电作业资质证书，但应熟悉不停电作业工作相关理论知识，具有培训合格证。

8.5 国家电网公司带电作业实训基地应积极拓展与不停电作业发展相适应的培训项目，加强师资力量，加大培训设备设施的投入，满足不停电作业培训工作的需要。

8.6 尚未开展第三、第四类配网不停电作业项目的单位应在连续从事第一、第二类作业项目满 2 年人员中择优选择作业人员，经国家电网有限公司级实训基地专项培训并考核合格后，方可开展。

【条款解读】

国家电网有限公司带电作业资质培训考核标准（2016 年修订稿）中已取得配网不停电作业（简单项目）资质证书的人员，从事相关工作 1 年及以上并取得中级及以上职业资格证书的即可申请复杂项目取证，本条款要求是指尚未开展三、四类的单位，要求取得简单项目证书后从事不停电作业 2 年以上，要求严于资质培训考核标准。

8.7 各基层单位应针对不停电作业特点，定期组织不停电作业人员进行规程、专业知识的培训和考试，考试不合格者，不得上岗。经补考仍不合格者应重新进行规程和专业知识培训。

【条款解读】

经补考仍不合格者其资质证书上交至本单位职能管理部门，经专门的培训并考核合格后方可取回资质证书参加不停电作业工作。

8.8 基层单位应按有关规定和要求，认真开展岗位培训工作，每月应不少于 8 个学时。

【条款解读】

岗位培训是不停电作业不可或缺的培训方式，本条规定了岗位培训的最少时间，各单位应加大不停电作业岗位培训力度。

8.9 不停电作业人员脱离本工作岗位 3 个月以上者，应重新学习《国家电网公司电力安全工作规程（配电部分）》和带电作业有关规定，并经考试合格后，方能恢复工作；脱离本工作岗位 1 年以上者，收回其带电作业资质证书，需返回带电作业岗位者，应重新取证。

8.10 工作负责人和工作票签发人按《国家电网公司电力安全工作规程（配电部分）》所规定的条件和程序审批。

8.11 配网不停电作业人员不宜与输、变电专业带电作业人员、停电检修作业人员混岗。人员队伍应保持相对稳定，人员变动应征求本单位主管部门的意见。

9 作业项目管理

【条文说明】

本章说明了对配网不停电作业常规项目和新项目的管理方式，包括安全管理、组织管理和质量把控。

9.1 各省公司要按照 GB/T18857、Q/GDW710 和本规范的要求，结合配网不停电作业发展规划，积极研究，不断完善各类不停电作业项目，逐步扩大不停电作业的规模。

9.2 各市县公司应根据国家标准、行业标准及国家电网有限公司发布的技术导则、规程及相关规定，结合作业现场具体情况编制每类作业项目的现场操作规程、标准化作业指导书（卡），经审批后实施。

9.3 不停电作业项目在实施前应进行现场勘察，确认是否具备作业条件，并审定作业方法、安全措施和人员、工器具及车辆配置。

9.4 不停电作业项目需要不同班组协同作业时，应设项目总协调人。

9.5 常规项目管理

9.5.1 各市县公司应将技术成熟、操作规范的作业项目列为常规项目，并编制相应的标准化作业指导书（卡），由本单位不停电作业管理部门审查，经分管领导（总工程师）批准后执行。项目实施时应根据现场实际情况补充和完善安全措施。

9.5.2 各省公司在定期对各基层单位不停电作业工作开展情况全面检查的基础上，对其不停电作业管理、人员技术力量、工器具、车辆装备状况等方面进行综合评估，并根据评估结果对开展的常规项目进行审核和调整。

9.6 新项目管理

9.6.1 新开展的不停电作业项目应经上级归口管理部门批准。

9.6.2 开发不停电作业新项目（含研制、试用的新工器具、新工艺）应按先论证、再试点、后推广的原则，由各基层单位提出，上级归口管理部门认定。

9.6.3 新项目应用前，应进行模拟操作并通过上级归口管理部门组织的技术鉴定。技术鉴定应具备下列资料：

a）新工具组装图及机械、电气试验报告；

b）新项目或新工具研制报告；

c）作业指导书；

d）技术报告。

9.6.4 通过技术鉴定的不停电作业新项目应编制现场作业规程，经本单位不停电作业管理部门审核，分管领导（总工程师）批准后，方可在带电设备上应用。

9.6.5 不停电作业新项目转为常规项目需经基层单位分管领导（总工程师）批准，并报上级归口管理部门备案，方可逐步推广应用。

【条款解读】

不停电作业新项目有两层含义，一是指所在省公司范围内从未开展的不停电作业项目（含研制试用的新工器具、新工艺）。考虑到避免重复劳动以及资源浪费，新项目开发应由各基层单位提出，省公司统一组织开发。二是指地市公司范围内从未开展的不停电作业项目，地市公司开展此类作业项目前应报省公司归口管理部门审批。

9.7 不停电作业处理紧急缺陷或事故抢修，若超出本单位已开展的不停电作业同类项目范围，应根据现场实际情况制定并落实可靠的安全措施，经本单位分管领导（总工程师）批准后方可进行。

【条款解读】

超出是指区别于新项目审批流程，针对设备和已开展的常规项目不同，但根据现场需要开展的作业项目；同类是指采用工器具、作业方法、安全防护措施等与已开展的常规项目没有明显差异。

9.8 在高海拔地区开展不停电作业时，3000m 以下地区与平原地区技术参数一致，3000m 及以上地区相地最小安全距离 0.6m，相间 0.8m，绝缘承力工具最小有效绝缘长度 0.6m，绝缘操作工具最小有效绝缘长度 0.9m，绝缘遮蔽重叠不应小于 0.2m。

【条款解读】

高海拔地区不停电作业关键技术参数来源于 2014 年国网科技项目"提升配网不停电作业能力关键技术研究"中课题 1—配网高海拔带电作业技术研究，由中国电科院和西藏电科院提供，2015 年，应用该成果分别在甘肃、四川、青海等高海拔区域开展了现场实操作业。

10　不停电作业工器具及车辆管理

【条文说明】

本章说明了对不停电作业工器具及绝缘斗臂车的管理和使用方法，由于对其妥善管理和合理使用是对作业人员人身安全的有效保障，故予以强调说明。

10.1 不停电作业工器具（包括带电作业用绝缘遮蔽用具、个人防护用具、检测仪器等）及作业车辆状况直接关系到作业人员的安全，应严格管理。

10.2 开展不停电作业的基层单位应配齐相应的工器具、车辆等装备。

10.3 购置不停电作业工器具应选择具备生产资质的厂家，产品应通过型式试验，并按不停电作业有关技术标准和管理规定进行出厂试验、交接试验，试验合格后方可投入使用。

10.4 自行研制的不停电作业工器具，应经具有资质的单位进行相应的电气、机械试验，合格后方可使用。

10.5 不停电作业工器具应设专人管理，并做好登记、保管工作。不停电作业工器具应有唯一的永久编号。应建立工器具台账，包括名称、编号、购置日期、有效期限、适用电压等级、试验记录等内容。台账应与试验报告、试验合格证一致。

【条款解读】

不停电作业用工器具的唯一编号是指由名称代号和数字编号组成唯一编号，同一单位内不停电作业用工器具不得出现完全相同的编号；已报废的不停电作业用工器具的编号如需再次使用，应在第三个试验周期（第一、第二试验周期指工器具每年两次的试验）重新启用。

10.6 不停电作业工器具应放置于专用工具柜或库房内。工具柜应具有通风、除湿等功能且配备温度表、湿度表。库房应符合 DL/T974 的要求。

10.7 不停电作业绝缘工器具若在湿度超过 80%环境使用，宜使用移动库房或智能工具柜等设备，防止绝缘工器具受潮。

10.8 不停电作业工器具运输过程中，应装在专用工具袋、工具箱或移动库房内，防止受潮和损坏。发现绝缘工具受潮或表面损伤、脏污时，应及时处理并经检测或试验合格后方可使用。

10.9 不停电作业工器具应按 DL/T976、Q/GDW249、Q/GDW710 和 Q/GDW1811 等标准的要求进行试验，并粘贴试验结果和有效日期标签，做好信息记录。试验不合格时，应查找原因，处理后允许进行第二次试验，试验仍不合格的，则应报废。报废工器具应及时清理出库，不得与合格品存放在一起。

10.10 绝缘斗臂车不宜用于停电作业。

10.11 绝缘斗臂车应存放在干燥通风的专用车库内，长时间停放时应将支腿支出。

【条款解读】

绝缘斗臂车应防止长时间停放引起车辆大梁长期过负载，A 型支腿车辆需将支腿支出，H 型支腿车辆只需将垂直支腿支出，保持车辆轮胎不受力即可。

10.12 绝缘斗臂车应定期维护、保养、试验。

11 资料管理

【条文说明】

本章说明了对不停电作业相关技术资料的归纳和整理方法，长期坚持，将为不停电作业管理的提升和操作技能的积累提供一手素材。

11.1 开展不停电作业的单位应备有以下技术资料和记录：

11.1.1 国家、行业及公司系统不停电作业相关标准、导则、规程及制度；

11.1.2 不停电作业现场操作规程、规章制度、标准化作业指导书（卡）。

11.1.3 工作票签发人、工作负责人名单和不停电作业人员资质证书。

11.1.4 不停电作业工作有关记录。

11.1.5 不停电作业工器具台账、出厂资料及试验报告。

11.1.6　不停电作业车辆台账及定期检查、试验和维修的记录。

11.1.7　不停电作业技术培训和考核记录。

11.1.8　系统一次接线图、参数等图表。

11.1.9　配网不停电作业事故及重要事项记录。

11.1.10　其他资料。

11.2　不停电作业单位应妥善保管不停电作业技术档案和资料。

11.3　各省公司应按照国家电网公司不停电作业管理有关规定和要求，及时上报不停电作业工作中的重大事件和重要工作动态信息。

附录 A　常用不停电作业项目分类

【条款解读】

附录 A 中，不停电作业时间考虑各单位装置、设备及作业方法不同取典型不停电作业时间；减少停电时间为不停电作业时间+2h（设备停复役时间）；作业人数考虑各单位装置、设备及作业方法不同取典型不停电作业人数。现场实际作业人员可根据各单位实际情况适当增加，不得减少。不停电作业时间、减少停电时间、作业人数仅作为生产管理系统（PMS）填报统计典型值，不作为实际作业要求。

附录 B　不停电作业统计规定

【条款解读】

附录 B 中，统计时的作业人数及不停电作业时间须按附录 A 中的典型值。常用不停电作业项目见附录 A，同一作业点的多个常用不停电作业项目只选其中一个进行统计，不得将复杂作业项目的某一作业步骤作为一次简单作业项目统计。减少停电用户数是指根据作业点线路接线图，采用停电作业时最小停电范围内的 10kV 用户数（公变和专变），不包含同杆多回线路陪停用户、分段开关故障或下一分段负荷较大无法转带的用户，也非低压用户。

附录 C　10kV 配网不停电作业现场作业规范

【条款解读】

附录 C 为资料性附录，可供各单位现场作业参考。作业规范中停用重合闸为典型情况下要求，现场工作负责人可根据实际情况决定是否需要停用重合闸。

附录 D　人员、工器具及车辆配置原则

【条款解读】

附录 D 中，人员、工器具及车辆配置原则为推荐性原则，各单位可结合实际情况进行配置。

第三节 《国家电网公司电力安全工作规程（配电部分）（试行）》主要条款解读

一、"9.1 一般要求"

1. 本章的规定适用于在海拔 1000m 及以下交流 10kV（20kV）的高压配电线路上，采用绝缘杆作业法和绝缘手套作业法进行的带电作业。其他等级高压配电线路可参照执行。

在海拔 1000m 以上进行带电作业时，应根据作业区不同海拔高度，修正各类空气与固体绝缘的安全距离和长度等，并编制带电作业现场安全规程，经本单位批准后执行。

【条款解读】

（1）本条首次以安规的形式明确了 10kV 架空配电线路带电作业的方式是绝缘杆作业法和绝缘手套作业法。在 10kV 配电线路上除采用绝缘杆作业法和绝缘手套作业法进行带电作业外，还包括采用带电作业+旁路作业所进行的综合不停电作业，如旁路作业检修架空线路和更换柱上变压器等。

（2）按照 Q/GDW 10520—2016《10kV 配网不停电作业规范》第 9.8 条，在高海拔地区开展不停电作业时，3000m 以下地区与平原地区技术参数一致，3000m 及以上地区相地最小安全距离 0.6m，相间 0.8m，绝缘承力工具最小有效绝缘长度 0.6m，绝缘操作工具最小有效绝缘长度 0.9m，绝缘遮蔽重叠不应小于 0.2m。

2. 参加带电作业的人员，应经专门培训，考试合格取得资格、单位批准后，方可参加相应的作业。带电作业工作票签发人和工作负责人、专责监护人应由具有带电作业资格和实践经验的人员担任。

【条款解读】

（1）带电作业工作不同于停电检修作业，参加带电作业的人员必须做到"全员接受培训，全员持证上岗"。

（2）带电作业工作票签发人和工作负责人、专责监护人必须由具有带电作业资格和实践经验的人员担任。

3. 带电作业应有人监护。监护人不得直接操作，监护的范围不得超过一个作业点。复杂或高杆塔作业，必要时应增设专责监护人。

【条款解读】

带电作业设立监护人或工作负责人兼监护人履行工作监护制度，是保证带电作业安全的重要组织措施。GB/T 18857《配电线路带电作业技术导则》第 5.2.1 条规定，"带电作业必须设专人监护"。

4. 工作负责人在带电作业开始前，应与值班调控人员或运维人员联系。需要停用重合闸的作业和带电断、接引线工作应由值班调控人员履行许可手续。带电作业结束后，工作负责人应及时向值班调控人员或运维人员汇报。

【条款解读】

（1）履行工作许可手续、停用重合闸工作以及工作终结和恢复重合闸制度，是保证带电作业安全的组织措施和技术措施。

（2）带电作业工作负责人在工作开始之前，无论是否停用重合闸，都要与值班调控人员或运维人员联系。

（3）带电作业有下列情况应停用重合闸，并不得强送电：

1）中性点有效接地的系统中有可能引起单相接地的作业；

2）中性点非有效接地的系统中有可能引起相间短路的作业；

3）工作票签发人或工作负责人认为需要停用重合闸的作业；

4）禁止约时停用或恢复重合闸。

5. 带电作业应在良好天气下进行，作业前须进行风速和湿度测量。风力大于 5 级，或湿度大于80%时，不宜带电作业。若遇雷电、雪、雹、雨、雾等不良天气，禁止带电作业。

带电作业过程中若遇天气突然变化，有可能危及人身及设备安全时，应立即停止工作，撤离人员，恢复设备正常状况，或采取临时安全措施。

【条款解读】

开展带电作业工作必须在良好天气下进行，风力不超过 5 级、湿度不大于 80%，方可进行带电作业。良好天气、风速和湿度是满足带电作业要求的先决条件。

6. 带电作业项目，应勘察配电线路是否符合带电作业条件、同杆（塔）架设线路及其方位和电气间距、作业现场条件和环境及其他影响作业的危险点，并根据勘查结果确定带电作业方法、所需工具以及应采取的措施。

【条款解读】

（1）工作负责人接到工作任务后及时进行现场勘察（包括填写现场勘察记录），履行现场勘察制度是保证带电作业安全的组织措施之一。按照《配电安规》第 3.2.1 条，配电检修（施工）作业和用户工程、设备上的工作，工作票签发人或工作负责人认为有必要现场勘察的，应根据工作任务组织现场勘察，并填写现场勘察记录。

（2）GB/T 18857《配电线路带电作业技术导则》第 4.3.2 条，带电作业工作票签发人和工作负责人对带电作业现场情况不熟悉时，应组织有经验的人员到现场查勘。根据查勘结果做出能否进行带电作业的判断，并确定作业方法和所需工具以及应采取的措施。

（3）带电作业人员到达现场开始工作前，工作负责人组织作业人员进行现场复勘，也是履行现场勘察制度保证带电作业工作顺利开展的重要举措，同时也是履行工作许可的先决条件，包括现场核对线路名称和杆号，确认线路、设备状态，检查现场作业环境，确认具备带电作业条件后方可开始带电作业工作。

7. 带电作业新项目和研制的新工具，应进行试验论证，确认安全可靠，并制定出相应的操作工艺方案和安全技术措施，经本单位批准后，方可使用。

【条款解读】

按照 Q/GDW 10520—2016《10kV 配网不停电作业规范》第 9.6 条，不停电作业新项目有两层含义：

（1）指所在省公司范围内从未开展的不停电作业项目（含研制试用的新工器具、新工艺）。考虑到避免重复劳动以及资源浪费，新项目开发应由各基层单位提出，省公司统一组织开发。

（2）指地市公司范围内从未开展的不停电作业项目，地市公司开展此类作业项目前应报省公司归口管理部门审批。其中，开发带电作业新项目（含研制试用的新工器具、新工艺）应按先论证、再试点、后推广的原则，由各基层单位提出，省公司认定，凡认定为新项目的，应由省公司统一组织开发或技术鉴定。

二、"9.2 安全技术措施"

1. 高压配电线路不得进行等电位作业。

【条款解读】

（1）在 10kV 架空配电线路上严禁等电位作业是综合考虑配电线路带电作业自身的作业特点（如作业空间狭小）做出的规定，同时随着配网带电作业技术的发展和作业用绝缘工器具的配备日臻完善，具备了全面推广绝缘杆作业法和绝缘手套作业法的先决条件。

（2）按照 GB/T 14286—2008《带电作业工具设备术语》第 2.1.1.6 条，等电位作业（Potential working；Bare hand working）。这种作业方法是指作业人员通过电气连接，使自己身体之电位上升至带电体的电位，且与周围不同电位适当隔离而直接对带电体进行作业。即人体通过绝缘体与接地体绝缘起来后，人体直接接触带电体的作业。作业时人体必须与接地体保持安规规定的最小安全距离。

2. 在带电作业过程中，若线路突然停电，作业人员应视线路仍然带电。工作负责人应尽快与调度控制中心或设备运维管理单位联系，值班调控人员或运维人员未与工作负责人取得联系前不得强送电。

3. 在带电作业过程中，工作负责人发现或获知相关设备发生故障，应立即停止工作，撤离人员，并立即与值班调控人员或运维人员取得联系。值班调控人员或运维人员发现相关设备故障，应立即通知工作负责人。

4. 带电作业期间，与作业线路有联系的馈线需倒闸操作的，应征得工作负责人的同意，并待带电作业人员撤离带电部位后方可进行。

5. 带电作业有下列情况之一者，应停用重合闸，并不得强送电：

（1）中性点有效接地的系统中有可能引起单相接地的作业。

（2）中性点非有效接地的系统中有可能引起相间短路的作业。

（3）工作票签发人或工作负责人认为需要停用重合闸的作业。

禁止约时停用或恢复重合闸。

【条款解读】

停用重合闸及恢复重合闸制度，是保证带电作业安全的重要技术措施之一。停用重合闸的作用，如短路故障发生在作业点处可避免对作业人员的二次伤害，防止事故扩大，另外还可以防止重合闸引起的过电压对作业安全造成影响。

6. 带电作业，应穿戴绝缘防护用具（绝缘服或绝缘披肩、绝缘袖套、绝缘手套、绝缘鞋、绝缘安全帽等）。带电断、接引线作业应戴护目镜，使用的安全带应有良好的绝缘性能。

带电作业过程中，禁止摘下绝缘防护用具。

【条款解读】

（1）正确使用个人绝缘防护用具，带电作业过程中禁止摘下绝缘防护用具，是保证带电作业安全、保证人身安全的重要技术措施之一。

（2）正确穿戴个人绝缘防护用具，不仅可以阻断稳态触电电流，而且可以有效防止静电感应暂态电击，是保证带电作业安全的最后屏障。

（3）个人绝缘防护用具使用前必须进行外观检查，绝缘手套使用前必须进行充（压）气检测，确认合格后方可使用。

7. 对作业中可能触及的其他带电体及无法满足安全距离的接地体（导线支承件、金属紧固件、横担、拉线等）应采取绝缘遮蔽措施。

8. 作业区域带电体、绝缘子等应采取相间、相对地的绝缘隔离（遮蔽）措施。禁止同时接触两个非连通的带电体或同时接触带电体与接地体。

【条款解读】

（1）开展带电作业工作，必须将人身安全放在首要位置，在带电作业区域采取由主绝缘工具、辅助绝缘用具和安全距离所组成的多层后备绝缘防护措施至关重要，缺一不可。

（2）带电作业人员穿戴个人绝缘防护用具，对作业中可能触及的带电体和接地体设置绝缘遮蔽（隔离）措施，作业中人体与带电体、接地体保持足够的安全距离，都是保证带电作业安全的重要技术措施，必须在生产中切实有效地全面贯彻、执行和落实。

（3）GB/T 18857《配电线路带电作业技术导则》第5.2.2条，第5.2.3条，采用绝缘手套作业法时无论作业人员与接地体和相邻带电体的空气间隙是否满足（安规）规定的安全距离（人体对地不小于0.4m、对邻相导线不小于0.6m），作业前均需对人体可能触及范围内的带电体和接地体进行绝缘遮蔽。在作业范围狭小，电气设备布置密集处，为保证作业人员对相邻带电体或接地体的有效隔离，在适当位置还应装设绝缘隔板等限制作业人员的活动范围。

（4）绝缘遮蔽（隔离）的原则是"从近到远、从下到上、先带电体后接地体"；绝缘遮蔽（隔离）的范围应比作业人员活动范围增加0.4m以上，绝缘遮蔽用具之间的重叠部分不得小于150mm。装、拆绝缘遮蔽（隔离）用具时应逐相进行，拆除时与遮蔽时的顺序相反。

（5）作业时严禁人体串入电路，严禁人体同时接触两个不同的电位体。绝缘斗内双人作业时，禁止同时在不同相或不同电位作业。

9. 在配电线路上采用绝缘杆作业法时，人体与带电体的最小距离不得小于表6-13的规定，此距离不包括人体活动范围。

表 6-13 带电作业时人身与带电体的安全距离

电压等级（kV）	10	20	35
距离（m）	0.4	0.5	0.6

10. 绝缘操作杆、绝缘承力工具和绝缘绳索的有效绝缘长度不得小于表 6-14 的规定。

表 6-14 绝缘工具最小有效绝缘长度

电压等级（kV）	有效绝缘长度（m）	
	绝缘操作杆	绝缘承力工具、绝缘绳索
10	0.7	0.4
20	0.8	0.5

11. 带电作业时不得使用非绝缘绳索（如棉纱绳、白棕绳、钢丝绳等）。

12. 更换绝缘子、移动或开断导线的作业，应有防止导线脱落的后备保护措施。开断导线时不得两相及以上同时进行，开断后应及时对开断的导线端部采取绝缘包裹等遮蔽措施。

13. 在跨越处下方或邻近有电线路或其他弱电线路的档内进行带电架、拆线的工作，应制订可靠的安全技术措施，经本单位批准后，方可进行。

14. 斗上双人带电作业，禁止同时在不同相或不同电位作业。

【条款解读】

（1）为防止双人作业时误碰非作业相或接地体，斗内双人带电作业时，禁止同时在不同相或不同电位作业，在实际生产中必须严格落实与执行。

（2）斗内双人带电作业时，建议斗内 1 号电工为主电工，负责斗内作业；斗内 2 号电工为辅助电工，配合斗内 1 号电工作业。

（3）为避免两人同时作业时误碰非作业相或接地体，建议斗内作业采用单斗单人的方式进行。

15. 禁止地电位作业中人员直接向进入电场的作业人员传递非绝缘物件。上、下传递工具、材料均应使用绝缘绳绑扎，严禁抛掷。

16. 作业人员进行换相工作转移前，应得到监护人的同意。

【条款解读】

（1）带电作业过程，工作负责人（兼工作监护人）或专责监护人必须在工作现场履行工作监护制度，行使监护职责，对作业人员的作业步骤及方法进行监护，及时纠正不安全的行为。

（2）作业人员进行换相工作转移前，应积极主动与监护人沟通，必须得到监护人的同意与许可后方可转移。

17. 带电、停电配合作业的项目，当带电、停电作业工序转换时，双方工作负责人应进行安全技术交接，确认无误后，方可开始工作。

【条款解读】

（1）对于执行《配电带电作业工作票》的带电作业工作和执行《配电线路第一种工作票》的停电作业工作进行配合作业转换时，双方工作负责人必须进行安全技术交接，确认无误并签字后，方可开始工作。

（2）对于多专业人员（班组）协同工作，建议增设现场工作协调人员，全面负责现场作业工作，统一协调带电作业和停电作业工作，以及旁路作业和倒闸操作工作。

（3）对于现场工作协调人员的任职资格，建议由带电作业（复杂项目）资格和实践经验的人员担任。

三、"9.3 带电断、接引线"

1. 禁止带负荷断、接引线。

2. 禁止用断、接空载线路的方法使两电源解列或并列。

3. 带电断、接空载线路时，应确认后端所有断路器（开关）隔离开关（刀闸）确已断开，变压器、电压互感器确已退出运行。

4. 带电断、接空载线路所接引线长度应适当，与周围接地构件、不同相带电体应有足够安全距离，连接应牢固可靠。断、接时应有防止引线摆动的措施。

5. 带电接引线时未接通相的导线、带电断引线时已断开相的导线，应在采取防感应电措施后方可触及。

6. 带电断、接空载线线路时，作业人员应戴护目镜，并采取消弧措施。消弧工具的断流能力应与被断、接的空载线路电压等级及电容电流相适应。若使用消弧绳，则其断、接的空载线路的长度应小于 50km（10kV）、30km（20kV），且作业人员与断开点应保持 4m 以上的距离。

7. 带电断、接架空线路与空载电缆线路的连接引线应采取消弧措施，不得直接带电断、接。断、接电缆引线前应检查相序并做好标志。10kV 空载电缆长度不宜大于 3km。当空载电缆电容电流大于 0.1A 时，应使用消弧开关进行操作。

8. 带电断开架空线路与空载电缆线路的连接引线之前，应检查电缆所连接的开关设备状态，确认电缆空载。

9. 带电接入架空线路与空载电缆线路的连接引线之前，应确认电缆线路试验合格，对侧电缆终端连接完好，接地已拆除，并与负荷设备断开。

【条款解读】

（1）带电断、接引线必须确认线路空载。禁止带负荷断、接引线。

（2）带电断、接引线必须查明线路"三无一良"（线路无接地、无人工作、相位正确无误，绝缘良好）才可进行。线路的"三无一良"直接影响着断、接引线的工作安全。

（3）带电断、接引线时，由于导线的线间电容和对地电容的存在，将会在另外不带电的相线上产生感应电流，如果作业人员未采取措施而直接接触，就可能遭受电击发生安全事故。为此，已断开、待接入的引线均应视为带电体。禁止同时接触未接通的或已断开的导线两个断头。

（4）带电断、接引线时，应使用绝缘（双头）锁杆防止已断开、待接入的引线摆动碰及带电体或接地体；移动已断开、待接入的引线应密切注意与带电体保持足够的安全距离。

（5）带电断、接引线时，严禁人体串入电路。

1）带电断、接引线应优先使用绝缘（双头）锁杆将待断开的引线脱离主导线（即先断开、后脱离），以及使用绝缘（双头）锁杆将待接入的引线先搭接上主导线后再进行固定（即先搭接、后固定）。

2）使用绝缘（双头）锁杆断、接引线，不仅可以有效预防未接通相的导线、已断开相的导线对人体的感应电伤害，还可有效防止断、接主线引线时，人体串入电路（即一手先行握住主导线、另一手拿住引线断开，或一手先行握住主导线、另一手拿引线接入）。

（6）根据 Q/GDW 710—2012《10kV 电缆线路不停电作业技术导则》之规定：

1）带电断、接架空线路与空载电缆线路连接引线应采用带电作业用消弧开关进行，不应直接带电断开、接入电缆线路引线。

2）带电断开架空线路与空载电缆线路连接引线之前，应通过测量引线电流确认电缆处于空载状态，每相电流应小于 5A（当空载电流大于 0.1A 小于 5A 时，应用消弧开关断架空线路与空载电缆线路引线）。

3）带电接空载电缆线路连接引线之前，应采用到电缆末端确认负荷已断开等方式确认电缆处于空载状态，并对电缆引线验电，确认无电，确认负荷断开后，方可进行工作。

4）带电作业用消弧开关。用于带电作业的，具有断接空载架空或电缆线路电容电流功能和一定灭弧能力的开关，包括绝缘手套作业法和绝缘杆作业法用消弧开关。

5）使用消弧开关前应确认消弧开关处在断开位置并闭锁。拉合消弧开关应使用绝缘操作杆进行。安装消弧开关上的绝缘引流线时，应先接无电端、再接有电端；拆除绝缘引流线时，应先拆有电端、再拆无电端。

四、"9.4 带电短接设备"

1. 用绝缘分流线或旁路电缆短接设备时，短接前应核对相位，载流设备应处于常通流或合闸位置。断路器（开关）应取下跳闸回路熔断器，锁死跳闸机构。

2. 短接开关设备的绝缘分流线面积和两端线夹的载流容量，应满足最大负荷电流的要求。

3. 带负荷更换高压隔离开关（刀闸）跌落式熔断器，安装绝缘分流线时应有防止高压隔离开关（刀闸）跌落式熔断器意外断开的措施。

4. 绝缘分流线或旁路电缆两端连接完毕且遮蔽完好后，应检测通流情况正常。

5. 短接故障线路、设备前，应确认故障已隔离。

【条款解读】

（1）带电短接设备的绝缘分流线或称为绝缘引流线，由承担连接固定作用的绝缘线夹和起着载流导体作用的绝缘引流线两部分组成。其中，绝缘线夹应按其接触导线的材质分别采用铸造铝合金或铸造铜合金制作，绝缘引流线通常选用编织型软铜线或多股挠性裸铜线制作，10kV 及以下绝缘引流线应使用有绝缘外皮的多股软铜线制作，其预防性试验标准为 20kV/1min。

（2）绝缘引流线主要是用在带负荷更换跌落式熔断器、带负荷更换柱上隔离开关等作业中。

（3）在带负荷更换柱上设备的作业中，还可以采用旁路作业法或旁路负荷开关法进行带负荷更换柱上设备的工作，即通过旁路负荷开关、电杆两侧的旁路引下电缆和余缆支架组成的旁路系统进行负荷转移作业。这种作业方法适合于所有带负荷作业的项目。

（4）旁路作业法中使用的旁路引下电缆不同于绝缘引流线，它是指用于连接架空导线和旁路负荷开关的旁路柔性电缆。一端安装有与架空导线连接的引流线夹，另一端安装有与旁路负荷开关连接的快速插拔终端。每组旁路引下电缆（3 根）分三种颜色（黄、绿、红）辨识。

五、"9.5 高压电缆旁路作业"

1. 采用旁路作业方式进行电缆线路不停电作业时，旁路电缆两侧的环网柜等设备均应带断路器（开关），并预留备用间隔。负荷电流应小于旁路系统额定电流。

2. 旁路电缆终端与环网柜（分支箱）连接前应进行外观检查，绝缘部件表面应清洁、干燥，无绝缘缺陷，并确认环网柜（分支箱）柜体可靠接地；若选用螺栓式旁路电缆终端，应确认接入间隔的断路器（开关）已断开并接地。

3. 电缆旁路作业，旁路电缆屏蔽层应在两终端处引出并可靠接地，接地线的截面积不宜小于 $25mm^2$。

4. 采用旁路作业方式进行电缆线路不停电作业前，应确认两侧备用间隔断路器（开关）及旁路断路器（开关）均在断开状态。

5. 旁路电缆使用前应进行试验，试验后应充分放电。

6. 旁路电缆安装完毕后，应设置安全围栏和"止步、高压危险！"标示牌，防止旁路电缆受损或行人靠近旁路电缆。

【条款解读】

（1）10kV 配网不停电作业泛指综合利用带电作业、旁路作业和临时供电所进行的各类作业，包括 10kV 配电线路不停电作业和 10kV 电缆线路不停电作业。

（2）采用旁路作业方式进行电缆不停电作业的项目有：旁路作业检修电缆线路、不停电（旁路作业）检修环网柜（箱）、从环网柜（箱）临时取电给环网柜（箱）、移动箱变供电三类项目。

（3）旁路作业方式不同于带电作业，根据 Q/GDW 10520—2016《10kV 配网不停电作业规范》第 3.2 条，旁路作业（Bypass working），是指通过旁路设备的接入，将配网中的负荷转移至旁路系统，实现待检修设备停电检修的作业方式。

（4）旁路作业无论是在配电线路不停电作业中的应用，还是电缆线路不停电作业中的应用，开展旁路作业的关键就是如何通过旁路设备的接入组成旁路系统，实现线路和设备中的负荷转移，以及如何通过旁路柔性电缆在旁路作业环节中完成取电、送电和供电工作。

（5）临时供电作业既可以采用旁路作业方式进行（如从环网柜临时取电给环网柜、移动箱变供电作业），也可以采用不停电作业+旁路作业协同完成（如从架空线路临时取电给环网柜、移动箱变供电作业）。

（6）采用旁路作业方式进行电缆不停电作业时，在实际生产中分为不停电和短时停电两种情况下的作业。若接入旁路柔性电缆的环网柜有预留备用间隔才可实现采用旁路作业方式进行不停电作业；若没有预留备用间隔时，只有采用旁路作业方式进行短时停电作业。

（7）采用旁路作业方式进行电缆不停电作业时，必须确认线路负荷电流小于旁路系统额定电流（200A），分段展放接续好的旁路柔性电缆，旁路柔性电缆屏蔽层应在两终端处引出并可靠接地，接地线的截面积不宜小于 $25mm^2$。

（8）旁路系统接入前进行绝缘电阻检测应不小于 500MΩ。绝缘电阻检测完毕后，以及旁路设备拆除前、电缆终端拆除后，均应逐项进行充分放电，用绝缘放电棒放电时，绝缘放电棒（杆）的接地应良好。

（9）旁路系统投入运行前必须进行核相，确认相位正确，方可投入运行。操作旁路设备开关、检测绝缘电阻、使用放电棒（杆）进行放电时，操作人员均应戴绝缘手套进行。

（10）为便于旁路柔性电缆与环网柜（分支箱）的连接，采用旁路作业方式进行电缆不停电作业时，还需配备与环网柜（分支箱）连接的辅助电缆，以及根据环网柜（分支箱）上的套管选择相应的旁路电缆终端，包括螺栓式（T型）终端（与欧式环网柜配套的欧式终端）和插入式（肘型）终端（与美式环网柜配套的美式终端）。

（11）与欧式环网柜配套的欧式终端为可分离电缆终端，是指使电缆与其他设备连接或断开的完全绝缘的终端。

（12）与美式环网柜配套的美式终端为可带电插拔旁路电缆终端，是指能接通或断开带电回路的可分离电缆终端。

（13）根据 Q/GDW 710—2012《10kV 电缆线路不停电作业技术导则》的规定，断、接可带电插拔电缆终端应为美式终端，暂不推荐"断、接可带电插拔电缆（美式终端）"此项作业的开展。选用可带电插拔旁路电缆终端，与旁路连接器连接的电缆应为单芯柔性电缆，与可带电插拔旁路电缆终端连接的柔性电缆长度应不超过 50m。

六、"9.6 带电立、撤杆"

1. 作业前，应检查作业点两侧电杆、导线及其他带电设备是否固定牢靠必要时应采取加固措施。

2. 作业时，杆根作业人员应穿绝缘靴、戴绝缘手套，起重设备操作人员应穿绝缘靴。起重设备操作人员在作业过程中不得离开操作位置。

3. 立、撤杆时，起重工器具、电杆与带电设备应始终保持有效的绝缘遮蔽或隔离措施，并有防止起重工器具、电杆等的绝缘防护及遮蔽器具绝缘损坏或脱落的措施。

4. 立、撤杆时，应使用足够强度的绝缘绳索作拉绳，控制电杆的起立方向。

【条款解读】

（1）本节所涉及的条款内容主要是针对绝缘手套作业法（采用绝缘斗臂车和起重设备作业）带电组立或撤除直线电杆作出了相关的安全措施规定。

（2）根据 Q/GDW 10520—2016《10kV 配网不停电作业规范》的划分，带电立、撤杆共包含带电组立直线杆、带电撤除直线杆和带电更换直线电杆三个作业项目。

（3）带电立、撤杆的操作要点是采用导线专用吊杆法支撑导线进行组立、撤除和更换电杆的作业。

（4）带电立、撤杆的作业方式是采用绝缘手套作业法，绝缘斗臂车+吊车配合作业带电组立、撤除和更换电杆工作。

七、"9.7 使用绝缘斗臂车的作业"

1. 绝缘斗臂车应根据 DL/T 854《带电作业用绝缘斗臂车的保养维护及在使用中的试验》定期检查。

2. 绝缘臂的有效绝缘长度应大于 1.0m（10kV）、1.2m（20kV），下端宜装设泄漏电流监测报警装置。

3. 禁止绝缘斗超载工作。

4. 绝缘斗臂车操作人员应服从工作负责人的指挥，作业时应注意周围环境及操作速度。在工作过程中，绝缘斗臂车的发动机不得熄火（电能驱动型除外）。接近和离开带电部位时，应由绝缘斗中人员操作，下部操作人员不得离开操作台。

5. 绝缘斗臂车应选择适当的工作位置，支撑应稳固可靠；机身倾斜度不得超过制造厂的规定，必要时应有防倾覆措施。

6. 绝缘斗臂车使用前应在预定位置空斗试操作一次，确认液压传动、回转升降、伸缩系统工作正常、操作灵活，制动装置可靠。

7. 绝缘斗臂车的金属部分在仰起、回转运动中，与带电体间的安全距离不得小于 0.9m（10kV）或 1.0m（20kV）。工作中车体应使用不小于 16mm^2 的软铜线良好接地。

【条款解读】

（1）绝缘斗臂车是配电线路不停电作业的特殊专用工具。它既是不停电作业人员进入带电作业区域的承载工具，又是在不停电作业时为作业人员提供相对地之间的主绝缘防护。我国不停电作业用绝缘斗臂车采用美制（如美国阿尔泰克 ALTEC、时代 TIME 和特雷克斯 TEREX 等）和日制（日本爱知 AICHI）两种技术，主要在 10kV 架空配电线路上使用。

（2）Q/GDW 11237—2014《配网带电作业绝缘斗臂车技术规范》规定，配电不停电作业用绝缘斗臂车，按伸展结构的类型分为伸缩臂式、折叠臂式和混合式（伸缩臂+折叠臂）三种类型的绝缘斗臂车，包括 A 形支腿和 H 形支腿的绝缘斗臂车。

（3）绝缘斗臂车应配有专用的车体接地装置，使用前应可靠接地，接地装置标有规定的符号或图形；接地装置包括长度不小于 10m，截面积不小于 16mm^2 的带透明护套的多股软铜接地线。

（4）采用绝缘斗臂车作业前，应查看绝缘斗臂车绝缘臂、绝缘斗良好，对绝缘斗臂车进行空斗试操作。

（5）进入绝缘斗内的作业人员必须穿戴个人绝缘防护用具（绝缘手套、绝缘服或绝缘披肩等），做好人身安全防护工作。使用的安全带应有良好的绝缘性能，起臂前安全带保险钩必须系挂在斗内专用挂钩上。对于伸缩臂式和混合式的绝缘斗臂车，作业中的绝缘臂伸出的有效绝缘长度应不小于 1.0m。

（6）绝缘工作斗上应醒目地注明绝缘斗臂车额定载荷或承载人数，禁止绝缘斗超载工作。根据 Q/GDW 11237—2014《配网带电作业绝缘斗臂车技术规范》的规定，承载 1 人的工作斗，额定载荷应不小于 120kg；承载 2 人的工作斗，额定载荷应不小于 200kg；具有斗部起吊装置的斗臂车其最大起吊质量应不小于 450kg。

（7）Q/GDW 11237—2014《配网带电作业绝缘斗臂车技术规范》规定，绝缘斗臂车应具有防倾翻安全装置，装备倾斜角度指示装置，以指明底盘倾斜是否在制造商的许可范围内，如倾斜开关或水平仪等。倾斜角度指示装置应受保护，以免损坏和意外的设置更改。对于用支腿来调平的斗臂车，底盘倾斜角度指示装置在支腿的操控部位应能清楚可见。

（8）对于本条款中的"下部操作人员不得离开操作台"以及"下端宜装设泄漏电流监测报警装置"之规定，在实际工作中执行起来存在一定的难度。

（9）按照 Q/GDW 10520—2016《10kV 配网不停电作业规范》第 10.10－10.11 条，绝缘斗臂车不宜用于停电作业；绝缘斗臂车应存放在干燥通风的专用车库内，长时间停放时应将支腿支出。为防止长时间停放引起车辆大梁长期过负载，A 型支腿车辆需将支腿支出，H 型支腿车辆只需将垂直支腿支出，保持车辆轮胎不受力即可。

八、"9.8 带电作业工器具的保管、使用和试验"

1. 带电作业工具存放应符合 DL/T 974《带电作业用工具库房》的要求。

2. 带电作业工具的使用：

（1）带电作业工具应绝缘良好、连接牢固、转动灵活，并按厂家使用说明书、现场操作规程正确使用。

（2）带电作业工具使用前根据工作负荷校核机械强度，并满足规定的安全系数。

（3）输送过程中，带电绝缘工具应装在专用工具袋、工具箱或专用工具车内，以防受潮和损伤。发现绝缘工具受潮或表面损伤、脏污时，应及时处理并经试验或检测合格后方可使用。

（4）进入作业现场应将使用的带电作业工具放置在防潮的帆布或绝缘垫上，以防脏污和受潮。

（5）禁止使用有损坏、受潮、变形或失灵的带电作业装备、工具。操作绝缘工具时应戴清洁、干燥的手套。

3. 带电作业工器具试验应符合 DL/T 976《带电作业工具、装置和设备预防性试验规程》

的要求。

4. 带电作业遮蔽和防护用具试验应符合 GB/T 18857《配电线路带电作业技术导则》的要求。

【条款解读】

（1）带电作业工作是设备保护人。带电作业工作能否顺利实施和是否安全在很大程度上取决于工器具的性能，使用中的工器具性能与其保管、维护、运输、使用等环节密切相关，务必应严格管理。

（2）配电带电作业用工器具（包括电缆不停电作业用旁路设备）按其作业方法可以分为两类：① 绝缘杆作业法和绝缘手套作业法使用的带电作业绝缘工具，包括绝缘遮蔽用具、绝缘防护用具、绝缘操作工具和绝缘承载工具等；② 综合不停电作业法所涉及的旁路作业设备，包括旁路柔性电缆、旁路负荷开关、旁路引下电缆、旁路电缆终端和中间接头、带电作业用消弧开关、旁路作业车、移动箱变车和移动电源车等。

（3）绝缘防护用具或个人绝缘防护用具，是指由绝缘材料制成，在带电作业时对人体进行安全防护的用具，用于隔离带电体，保护人体免遭电击，起到辅助绝缘保护的作用，包括绝缘安全帽、绝缘服、绝缘披肩、绝缘袖套、绝缘手套、绝缘鞋等。

（4）绝缘遮蔽用具由绝缘材料制成，用来遮蔽或隔离带电体和邻近的接地部件的硬质或软质用具，包括各种硬质或软质遮蔽罩以及绝缘隔板和绝缘毯等。遮蔽用具不能作为主绝缘，只能用作辅助绝缘，它只适用于带电作业人员在作业过程中，意外短暂碰撞或接触带电部分或接地部位时，起绝缘遮蔽或隔离的保护作用。

（5）绝缘操作工具是指用绝缘材料制成的操作工具，包括以绝缘管、棒、板为主绝缘材料，端部装配金属工具的硬质绝缘工具（如绝缘操作杆）和以绝缘绳为主绝缘材料制成的软质绝缘工具。

（6）绝缘承载工具，是指承载作业人员进入带电作业位置的固定式或移动式绝缘承载工具，包括绝缘斗臂车（包括伸缩臂式、折叠臂式和混合式斗臂车）、绝缘梯（包括绝缘检修架）、绝缘平台（包括固定式、旋转式和升降旋转式平台）等。

（7）带电作业工器具应存放于专用库房内，库房应符合 DL/T 974《带电作业用工具库房》的要求，第 5.1～5.7 条的规定如下：

1）带电作业库房相对湿度不大于 60%。

2）库房内应装设除湿设备、烘干加热设备、通风设备、温湿度控制设备以及温度超限保护装置以及保护报警设备等。

3）硬质绝缘工具、软质绝缘工具、检测工具、屏蔽用具的存放区，温度宜控制在 5～40℃；配电带电作业用绝缘遮蔽用具、绝缘防护用具的存放区的温度，宜控制在 10～21℃；金属工具的存放不做温度要求。

注：根据 GB/T 25724—2010《带电作业工具专用车》和 Q/GDW 11232—2014《配电带电作业工具库房车技术规范》的规定，绝缘遮蔽用具、绝缘防护用具的存放区的温度，应控制在 10～28℃。

（8）带电作业工具应定期进行电气试验及机械试验，根据 DL/T 878—2004《带电作业用绝缘工具试验导则》的规定，电气试验：预防性试验每年一次，检查性试验每年一次，两次试验间隔半年。机械试验：绝缘工具每年一次，金属工具两年一次。

（9）带电作业工具定期进行预防性试验是带电作业工具、装置和设备使用之前的一个重要环节，是保证人身和设备安全的有效手段。根据第 9.7.1 条、第 9.8.3 条、第 9.8.4 条的规定：

1）绝缘斗臂车应根据 DL/T 854《带电作业用绝缘斗臂车的保养维护及在使用中的试验》规定定期检查。其中，配电带电作业用绝缘斗臂车的电气预防性试验：绝缘工作斗（绝缘内斗的层向耐压和沿面闪络试验、外斗的沿面闪络试验）、绝缘臂的工频耐压试验、整车的工频试验以及内斗、外斗、绝缘臂、整车的泄漏电流试验，试验周期为半年一次。

2）带电作业工器具试验应符合 DL/T 976《带电作业工具、装置和设备预防性试验规程》的要求。其中，本条款针对的是配电带电作业用"绝缘工具"的电气预防性试验，试验长度 0.4m，加压 45kV，时间为 1min，试验周期为 6 个月。工频耐压试验以无击穿、无闪络、无过热为合格。

3）带电作业遮蔽和防护用具试验应符合 GB/T 18857《配电线路带电作业技术导则》的要求。其中，本条款明确指出了针对的是配电带电作业用"绝缘防护用具和绝缘遮蔽用具"的电气预防性试验，试验电压 20kV，时间为 1 min，试验周期为 6 个月。试验中试品应无击穿、无闪络、无过热为合格。

（10）根据《配网不停电作业工器具、装置和设备试验管理规范（试行）》（国网运检三【2018】7 号）第十三条，预防性试验要求如下：

1）个人安全防护用具电气试验一年两次，试验周期 6 个月；

2）绝缘遮蔽用具电气试验一年两次，试验周期 6 个月；

3）绝缘工器具电气试验一年一次，机械试验一年一次；

4）金属工器具机械试验两年一次；

5）绝缘斗臂车电气试验和机械试验一年一次，试验周期不超过 12 个月；

6）10kV 旁路作业设备电气试验一年一次，10kV 带电作业用消弧开关电气试验一年两次，试验周期 6 个月；

7）自制或改装以及主要部件更换或检修的工器具，如对维修后的绝缘性能存在疑问，可适当调整或缩短试验周期。

第七章

配网不停电作业管理

为推进配网不停电作业高质量发展，提升用户供电可靠性和服务质量，国家电网有限公司相继发布了相关的管理规定和规范，包括《10kV 配网不停电作业规范（Q/GDW 10520—2016）》《国网设备部关于全面加强配网不停电作业管理工作的通知（设备配电〔2019〕77号）》《国网设备部关于开展配网不停电作业质量评估工作的通知》《国网运检部关于开展第二期县域配网不停电作业质量评估工作的通知（运检三〔2017〕148 号）》等，全面加强配网不停电作业专业管理，提升配网不停电作业水平。

第 一 节 管 理 目 标

以"1135"新时代配电网管理思路为指导，坚持以客户为中心，以提升供电可靠性为主线，通过提升配网不停电作业精益化管理水平，打造世界一流配网不停电作业队伍，不断强化工器具（装备）配置力度，创新配网不停电作业技术，完善配网不停电作业培训体系等举措，推动配网作业由停电向不停电转变，为建设世界一流能源互联网企业提供强大的末端支撑。

2019 年实现世界一流城市配网创建单位（简称"一流城市"）、大型供电企业（除一流城市外）、一般城市和县公司配网不停电作业化率分别达到 85%、80%、75%、65%；不停电作业接火率分别达到 95%、85%、75%、65%，户均减少停电时间（小时）分别达到 6.5、12、10.5、6.5；45 岁及以下配电检修人员取证率分别达到 50%、50%、40%、30%；不停电作业专用车辆配置指数（辆/万户）分别达到 2.5、2.5、2、1；每年人均作业次数分别达到 100、130、100、100；每车年均作业次数分别达到 250、300、200、150。

2020 年实现一流城市、大型供电企业（除一流城市外）、一般城市和县公司配网不停电作业化率分别达到 87%、83%、77%、67%；不停电作业接火率分别达到 98%、90%、80%、70%，户均减少停电时间（小时）分别达到 10、15、12.5、8.5；45 岁及以下配电检修人员取证率分别达到 55%、55%、45%、35%；不停电作业专用车辆配置指数（辆/万户）分别达到 3、3、2.5、1.5；每年人均作业次数分别达到 120、150、120、120；每车年均作业次数分别达到 300、350、250、200。

2021 年实现一流城市、大型供电企业（除一流城市外）、一般城市和县公司配网不停电作业化率分别达到 90%、85%、80%、70%；不停电作业接火率分别达到 100%、95%、90%、85%；户均减少停电时间（小时）分别达到 12.5、16.5、15、10；45 岁及以下配电检修人员取证率分别达到 60%、60%、50%、40%；不停电作业专用车辆配置指数（辆/万户）分别达到 3.5、3.5、3、2；每年人均作业次数分别达到 140、170、140、140；每车年均作业次数分别达到 350、400、300、250。

第二节 管 理 措 施

一、全面提升配网不停电作业精益化管理水平

（1）提高思想认识。国内外配网不停电作业近百年的实践表明，不停电作业较停电作业具有更高的安全性。一方面由于作业人员知道线路带电，具有较高的主动安全性；另一方面在确定人员防护用具、作业装备保障和作业流程工艺标准规范的时候，不停电作业规避了停电作业诸多不安全因素，多年的统计结果也证明不停电作业的事故率更低。以减少用户停电为出发点和落脚点，逐步推进配网检修及工程施工作业由停电为主向不停电为主转变，将配网不停电作业工作贯穿于配网施工、运维检修、用户业扩等各个方面。

（2）强化安全管控。通过强化配网不停电作业的现场安全管理和作业规范性培训，不断提高作业人员危险点辨识与防范、触电急救与高空救援等能力，确保"作业安全为自己"的理念深入人心。

（3）探索外包模式。将集体企业作为配网不停电作业劳务外包的主体，开展业务管理、计价标准（配网工程不停电作业定额应用指导意见、20kV 及以下配网工程带电作业补充定额）、现场管控等工作试点，在保证安全风险可控、在控、能控的前提下充分发挥外包单位能动性，壮大配网不停电作业支撑力量。

（4）健全组织机构。在地市、县公司配置配网不停电作业管理专（兼）责，在市、县公司设立配网不停电作业班组，进一步加强专业管理力度，确保市县作业能力和效率同步提升。

（5）严控计划停电。充分发挥供电服务指挥中心专业管控作用，强化计划刚性管理，持续压降停电时户数，在开展配网建设改造项目的可研方案编制过程中，需求提前报，严格落实指标管控要求。

（6）持续优化配网典型设计。按照配网不停电作业的要求，制定配网建设和改造不停电作业适应性标准，持续修编完善配网典型设计。

二、打造可持续发展的一流配网不停电作业队伍

（1）优化配网不停电作业队伍人员配置。在运检班组中挑选工作经验丰富、技能水平高超的青年技术骨干参加取证培训，补充到配网不停电作业班组，形成新的作业力量。

搭建由配网不停电作业班组、承担服务外委的集体企业队伍构成的配网不停电作业二级梯队。

（2）加大配网不停电作业人员的激励机制。鼓励立足本职岗位成才，健全不停电作业津贴激励政策，针对技能人员，建立配网不停电作业人员任职资格评定机制。

三、强化配网不停电作业工器具（装备）配置和管理力度

（1）持续加强装备配置。积极引进履带式绝缘斗臂车、张力转移操作杆等国外先进装备，继续加大力度配置绝缘斗臂车、小型无支腿作业车、旁路作业车、绝缘杆等成熟装备，推广使用防电弧服、防坠落安全带、不停电作业机器人等提升人员安全和作业效率装备，加大综合不停电作业和低压不停电作业装备配置力度。

（2）规范不停电作业特种车辆和工器具试验管理。严格落实试验管控方案的要求，按照《国网运检部关于印发配网不停电作业工器具、装置和设备试验管理规范（试行）的通知》（运检三〔2018〕7 号）文件要求规范开展工器具的型式试验、预防性试验、入网检测试验和交接试验。

（3）根据所处地区气候条件，差异化配置不停电作业车库。对于月平均相对湿度低于75%的地区，可不建设不停电作业车库，但须采取妥善的防雨措施，开展严格的预防性试验、规范的日常保养以及完备的使用前检查，确保车辆绝缘性能完好。

四、持续推进配网不停电作业新技术的发展和应用

（1）推广低压不停电作业技术。在低压不停电作业试点的基础上，全面开展低压不停电作业的推广应用，针对各地差异化的作业环境，完善 0.4kV 配网不停电作业推广项目的作业方法和工器具装备，提高供电服务保障能力。

（2）推广综合不停电作业法。在电缆化率较高的地区，全面推进综合不停电作业法的应用。

（3）推进不停电检修装备智能化。以人工智能带电作业机器人研发项目为平台，充分调动全公司资源和力量，开展带电作业机器人通用平台等新技术新装备的研发与应用。

五、完善配网不停电作业培训体系

（1）推广中美合作配网不停电作业培训成果。优化现有培训科目，将触电急救项目纳入不停电培训考核，按照统一培训管理要求，做好在省、地市、县域的应用。

（2）优化完善 10kV 和 0.4kV 配网不停电作业人才培养体系。补充完善配网不停电作业标准化培训项目、培训课程和培训教材，制定公司配网不停电作业培训师认证管理办法，开展专兼职培训师考评认证工作，实行培考分离。

第三节 管理职责

不停电作业按照分级管理、分工负责的原则，实行专业化管理，各级运维检修部为配网不停电作业归口管理部门。

一、国家电网有限公司

贯彻执行国家有关法律法规和国家行业相关标准，负责制定国家电网有限公司不停电作业管理制度、技术标准，并组织实施；指导、监督、检查、考核各省公司配网不停电作业专业管理工作，协调解决不停电作业管理中的重大问题；定期开展不停电作业专业分析和总结工作，组织开展不停电作业核心技术问题研究和科技攻关、重大事故调查分析并制定事故预防措施；组织开展国家电网有限公司配网不停电作业发展规划的编制与审查，并督促实施；组织召开国家电网有限公司配网不停电作业专业会议、技术交流、劳动竞赛和培训，组织开展有关新设备、新技术、新产品、新工艺的开发和推广应用；制定配网不停电作业实训基地技术资质标准，审查、认证、复核国家电网有限公司配网不停电作业实训基地资质；制定具有配网不停电作业资格证的作业人员的特种津贴标准；制定配网不停电作业工器具、车辆、库房配置标准。

二、各省（自治区、直辖市）电力公司

贯彻落实国家电网有限公司有关配网不停电作业管理制度、技术标准；设置配网不停电作业管理岗位，配备专职或兼职的专责人，明确管理职责和工作要求，落实岗位责任制；指导、监督、检查、考核所属各单位不停电作业专业管理工作，协调解决本单位不停电作业管理中的突出问题；审批所属各单位开展不停电作业新项目（含新开展、开发的作业项目和研制试用的新工器具、新工艺等），组织开展不停电作业新项目的开发和技术鉴定；定期开展不停电作业数据统计分析、专业总结、重点技术问题研究、科技攻关和事故调查分析，制定事故预防措施；开展本单位配网不停电作业发展规划和年度计划的编制与审查工作，并督促其实施；组织召开本单位配网不停电作业专业会议、专业技术交流、劳动竞赛和培训，开展有关新设备、新技术、新产品、新工艺的研究和推广应用；负责制定不停电作业用绝缘斗臂车（以下简称斗臂车）、旁路作业车、移动箱变车、防护用具、工器具、库房等技改、大修、购置年度计划。

三、各地市供电公司

贯彻执行上级颁布的有关配网不停电作业相关管理制度及技术标准，结合本地区实际情

况建立健全现场操作规程和标准化作业流程，落实各级岗位职责；指导、监督、检查、考核各县公司配网不停电作业专业管理工作，协调解决配网不停电作业管理中的具体问题；编制本地区不停电作业发展规划、年度计划，并组织实施；将配网工程纳入不停电作业流程管理，并在配网工程设计时优先考虑便于不停电作业的设备结构及型式；定期进行配网不停电作业数据统计，开展情况评估、专业分析及总结工作，开展配网不停电作业有关技术问题研究和科技攻关、事故调查分析和制定事故预防措施；开展各类岗位培训，认真做好新设备、新技术、新产品、新工艺和科技成果的应用工作；针对配网不停电作业工作中的问题，积极组织开展专题研究，及时修编现场作业规程和标准化作业指导书等；定期进行绝缘斗臂车、旁路作业设备及工器具的检查、保养、维护。

四、各区、县公司

贯彻执行上级颁布的有关配网不停电作业相关管理制度及技术标准，结合实际情况建立健全现场操作规程和标准化作业流程，落实各级岗位职责；按照地县公司协作、县公司区域合作等方式，集约人员、装备等资源，在县域电网稳步推进配网不停电作业；编制县域范围配网不停电作业发展规划、年度计划，并组织实施；将配网工程纳入配网不停电作业流程管理，并在配网工程设计时优先考虑便于不停电作业的设备结构及型式；定期进行配网不停电作业数据统计，开展情况评估、专业分析及总结工作；开展各类岗位培训，认真做好新设备、新技术、新产品、新工艺和科技成果的应用工作；针对配网不停电作业工作中的问题，积极组织开展专题研究，及时修编现场作业规程和标准化作业指导书等；定期进行绝缘斗臂车、旁路作业设备及工器具的检查、试验、保养、维护。

五、中国电力科学研究院

中国电力科学研究院是国家电网有限公司系统配网不停电作业技术支撑单位。负责建立配网不停电作业技术标准体系，并根据配网不停电作业技术发展进行标准制（修）订；动态跟踪公司系统各单位配网不停电作业开展情况，负责开展配网不停电作业数据统计及分析、配网不停电作业工作情况抽查、现场安全督查、能力评估等工作；协助国家电网有限公司进行配网不停电作业实训基地资质审查、复审及师资培训工作；针对配网不停电作业共性问题，组织开展专题研究并提出解决方案。

六、各省级电力科学研究院

省级电力科学研究院是省公司配网不停电作业技术支撑单位。负责编制配网不停电作业技术标准实施细则，促进配网不停电作业技术标准贯彻落实；动态跟踪省公司配网不停电作业开展情况，负责开展省公司各单位配网不停电作业数据统计及分析、配网不停电作业工作情况抽查、现场安全督查、能力评估等工作；协助省公司进行配网不停电作业实训基地建设、人员培训工作；协助省公司进行配网不停电作业技术交流、技能竞赛等专项活动；协助省公司开展配网不停电作业工具试验及监督，具备条件的可开展工具试验。

第四节　人员资质与培训管理

一、人员管理

（1）配网不停电作业人员应从具备配电专业初级及以上技能水平的人员中择优录用，并持证上岗。

（2）绝缘斗臂车等特种车辆操作人员及电缆、配网设备操作人员需经培训、考试合格后，持证上岗。

（3）工作票许可人、地面辅助电工等不直接登杆或上斗作业的人员需经省公司级基地进行配网不停电作业专项理论培训、考试合格后，持证上岗。

（4）工作负责人和工作票签发人按《国家电网有限公司电力安全工作规程（配电部分）》所规定的条件和程序审批。

（5）配网不停电作业人员不宜与输、变电专业带电作业人员、停电检修作业人员混岗。人员队伍应保持相对稳定，人员变动应征求本单位主管部门的意见。

二、资质管理

（1）配网不停电作业人员资质申请、复核和专项作业培训按照分级分类方式由国家电网有限公司级和省公司级配网不停电作业实训基地分别负责。国家电网有限公司级基地负责一至四类项目的培训及考核发证；省公司级基地负责一、二类项目的培训及考核发证。配网不停电作业实训基地资质认证和复核执行国家电网有限公司《带电作业实训基地资质认证办法》相关规定。

（2）国家电网有限公司配网带电作业实训基地应积极拓展与不停电作业发展相适应的培训项目，加强师资力量，加大培训设备设施的投入，满足配网不停电作业培训工作的需要。

（3）复杂作业资质人员取证，应在取得简单作业资质且工作满2年人员中选择，经国家电网有限公司基地专项培训并考核合格后，取得资质。

三、培训管理

（1）基层单位应针对配网不停电作业特点，定期组织配网不停电作业人员进行规程、专业知识的培训和考试，考试不合格者，不得上岗。经补考仍不合格者应重新进行规程和专业知识培训。

（2）基层单位应按有关规定和要求，认真开展岗位培训工作，每月应不少于 8 个学时。

（3）配网不停电作业人员脱离本工作岗位 3 个月以上者，应重新学习《国家电网有限公司电力安全工作规程（配电部分）》和带电作业有关规定，并经考试合格后，方能恢复工作；脱离本工作岗位 1 年以上者，收回其带电作业资质证书，需返回带电作业岗位者，应重新取证。

第五节　作业项目管理

各省公司要按照 GB/T 18857、Q/GDW 710 和 Q/GDW 10520—2016 的要求，结合配网不停电作业发展，积极研究，不断完善各类配网不停电作业项目，逐步扩大配网不停电作业的规模。各市县公司应根据国家标准、行业标准及国家电网有限公司发布的技术导则、规程及相关规定，结合作业现场情况编制操作规程、标准化作业指导书（卡），经审批后实施。

配网不停电作业项目在实施前应进行现场勘察，确认是否具备作业条件，并审定作业方法、安全措施和人员、工器具及车辆配置。配网不停电作业项目需要不同班组协同作业时，应设项目总协调人。

一、常规项目管理

（1）各市县公司应将技术成熟、操作规范的作业项目列为常规项目，并编制相应的标准化作业指导书（卡），由本单位配网不停电作业管理部门审查，经分管领导（总工程师）批准后执行。项目实施时应根据现场实际情况补充和完善安全措施。

（2）各省公司在定期对各基层单位配网不停电作业工作开展情况全面检查的基础上，对其配网不停电作业管理、人员技术力量、工器具、车辆装备状况等方面进行综合评估，并根据评估结果对开展的常规项目进行审核和调整。

二、新项目管理

（1）新开展的配网不停电作业项目应经上级归口管理部门批准。

（2）开发配网不停电作业新项目（含研制、试用的新工器具、新工艺）应按先论证、再试点、后推广的原则，由各基层单位提出，上级归口管理部门认定。

（3）新项目应用前，应进行模拟操作并通过上级归口管理部门组织的技术鉴定，技术鉴定应具备下列资料：新工具组装图及机械、电气试验报告、新项目或新工具研制报告、作业指导书、技术报告。

（4）通过技术鉴定的不停电作业新项目应编制现场作业规程，经本单位不停电作业管理部门审核，分管领导（总工程师）批准后，方可在带电设备上应用。

（5）配网不停电作业新项目转为常规项目需经单位分管领导（总工程师）批准，并报上级归口管理部门备案，方可逐步推广应用。

（6）配网不停电作业处理紧急缺陷或事故抢修，若超出本单位已开展的不停电作业同类项目范围，应根据现场实际情况制定可靠的安全措施，经本单位分管领导（总工程师）批准后方可进行。

（7）在高海拔地区开展配网不停电作业时，3000m 以下地区与平原地区技术参数一致，3000m 及以上地区相地最小安全距离 0.6m，相间 0.8m，绝缘承力工具最小有效绝缘长度 0.6m，绝缘操作工具最小有效绝缘长度 0.9m，绝缘遮蔽重叠不应小于 0.2m。

第六节　作业工器具及车辆管理

配网不停电作业工器具（包括绝缘遮蔽用具、个人防护用具、检测仪器等）及作业车辆状况直接关系到作业人员的安全，应严格管理。

（1）开展配网不停电作业的基层单位应配齐相应的工器具、车辆等装备。

（2）购置配网不停电作业工器具应选择具备相应资质的厂家，产品应通过型式试验，并按配网不停电作业有关技术标准和管理规定进行出厂试验、交接试验，试验合格后方可投入使用。

（3）自行研制的配网不停电作业工器具，应经具有资质的单位进行相应的电气、机械试验，合格后方可使用。

（4）配网不停电作业工器具应设专人管理，并做好登记、保管工作。不停电作业工器具应有唯一的永久编号。应建立工器具台账，包括名称、编号、购置日期、有效期限、适用电压等级、试验记录等内容。台账应与试验报告、试验合格证一致。

（5）配网不停电作业工器具应放置于专用工具柜或库房内。工具柜应具有通风、除湿等功能且配备温度表、湿度表。库房应符合 DL/T 974 的要求。

（6）配网不停电作业绝缘工器具若在相对湿度超过 80%环境使用，宜使用移动库房或智能工具柜等设备，防止绝缘工器具受潮。

（7）配网不停电作业工器具运输过程中，应装在专用工具袋、工具箱或移动库房内，防止受潮和损坏。发现绝缘工具受潮或表面损伤、脏污时，应及时处理并经检测或试验合格后方可使用。

（8）配网不停电作业工器具应按 DL/T 976、Q/GD W249、Q/GDW 710 和 Q/GDW 1811 等标准的要求进行试验，并粘贴试验结果和有效日期标签，做好信息记录。试验不合格时，应查找原因，处理后允许进行第二次试验，试验仍不合格的，则应报废。报废工器具应及时清理出库，不得与合格品存放在一起。

（9）绝缘斗臂车应定期维护、保养、试验，应存放在干燥通风的专用车库内，长时间停放时应将支腿支出，不宜用于停电作业。

第七节　规划统计及资料管理

一、规划统计

各省公司应将配网不停电作业发展规划纳入运检专业规划统一管理。规划内容应包括：

（1）现状分析，对本单位当前供电可靠性指标、配网不停电作业开展情况、人员配置情况、车辆及工器具配备情况所列项目开展情况进行统计分析；

（2）规划目标，根据国家电网有限公司统一要求和工作实际，按照远近结合、适度超前的原则，制定明确、合理的规划目标；

（3）具体措施，根据配网规划目标，从组织机构、人员、工器具和车辆配置、技能提升、项目拓展、资金安排等方面制订具体的落实措施。

应按月进行配网不停电作业统计、报送，并做好年度总结工作。根据规划和实际情况，编制次年配网不停电作业工作计划，经分管领导批准后执行。配网不停电作业应统计：作业次数、作业时间、减少停电时户数、多供电量、工时数、提高供电可靠率、不停电作业化率。

二、资料管理

开展配网不停电作业的单位应有以下技术资料，并应妥善保管配网不停电作业技术档案和资料：

（1）国家、行业及公司系统配网不停电作业相关标准、导则、规程及制度。

（2）配网不停电作业现场操作规程、规章制度、标准化作业指导书（卡）。

（3）工作票签发人、工作负责人名单和配网不停电作业人员资质证书。

（4）配网不停电作业工作有关记录。

（5）配网不停电作业工器具台账、出厂资料及试验报告。

（6）配网不停电作业车辆台账及定期检查、试验和维修的记录。

（7）配网不停电作业技术培训和考核记录。

（8）系统一次接线图、参数等图表。

（9）配网不停电作业事故及重要事项记录。

（10）其他资料。

各省公司应按照国家电网有限公司配网不停电作业管理有关规定和要求，及时上报配网不停电作业工作中的重大事件和重要工作动态信息。

第八节 专业管理案例

以某省公司为例，对配网不停电作业体系建设和专业管理思路进行详细介绍。

一、管理体系创建思路

1. 构建省、地、县三级配网不停电作业组织构架

省公司层面，加强技术、专业管理，以智能配网技术中心和配网不停电作业培训基地为支撑，搭建人员培养和技术创新平台。加强配网不停电作业培训基地对不停电作业新技术、新工具的研发推广和人员培养，加强智能配网技术中心对不停电作业新技术、新工具的评审、鉴定与技术经验交流；各地市公司，以安全生产为基础，以管理、技术提升为重点，以市县公司协作为手段，采用"分级管理、标准作业、统一流程、集中调配"的模式，深化"市县一体化"管理；各县公司在地市公司统一指挥下，根据各自特色，以"地域相邻、能力互补、资源共享"为原则，灵活开展区域协同作业，实现资源优化配置。

2. 全面树立配网不停电作业理念

坚持"能带不停"的原则，严格执行停电计划审查制度，落实配网全业务开展不停电作业；加快配网不停电作业队伍建设，普及检修人员的不停电作业技能，实现运检班组向不停电作业班组融合转变；建立以户均停电时间和不停电作业次数为主要因素的指标考核机制，提高供电可靠性，满足用户需求；优化配网网架结构，全面应用典型设计和标准化物料，建设适应不停电作业的坚强配电网架；以一流城市配网建设为契机，以不停电作业技术为手段，以实现区域内用户不停电为目标，率先在省内发达城市建立高可靠性示范区，并逐步推广。

3. 深化市县一体化管理

统一配网不停电作业流程，计划刚性管理，统一人员装备调配，共享技术成果，统一市县质量评估，规范数据资料，统一智能库房建设，优化资源配置，统一模范试点推广，提升技能水平，实现市县配网不停电作业建设标准化与规范化；完善组织机构与职责分工、计划与安全管控、人员与装备管理，实现配网不停电作业管理高效、管控有力、技术共享、资源集约。

4. 提升配网不停电作业开展水平

加大专业车辆配置，适当引入先进的特种作业车辆，提高机械化作业程度，提升配网不停电作业在不同环境下的适应能力；建立质量装备评估体系，优选安全可靠设备，推行优良装备应用，拓展装备试验服务；因地制宜，拓展配网不停电作业领域，在以电缆为主的区域，加大旁路不停电作业和短时停电作业推广应用，在以架空线路为主的环境开阔区域全面采用绝缘手套作业法，在以架空线路为主的街道、山区、海岛等复杂区域，深化绝缘杆作业和绝

缘平台作业。

5. 搭建技术创新的研发推广平台

以配网不停电作业培训基地及现有的劳模工作室为依托，以专业培训师为基础、吸收省内配网不停电作业专家及生产厂家，建立一支高效的研发团队，开展工器具研发、装备改造、方法创新等。加强智能配网技术中心对新技术、新工具的材料评审与技术鉴定，实现作业流程规范化，推广应用全面化；利用年度技术论坛，采取"走出去"和"请进来"的方式，加强与国内外先进单位的交流互动。

6. 加强人才队伍建设

开展管理人员、技术人员差异化培训，实现人员差异化培养；建立"横向协同、专业融合"的配网不停电作业队伍，鼓励运检班组开展简单类不停电作业，不停电作业班组逐步开展运检工作，实现专业大融合、不停电作业全覆盖；建立以作业类型和次数为主要标准的激励机制，提高人员作业积极性；定期组织开展技能鉴定与技能比武，以个人技能竞赛、技术创新等获奖情况作为技能专家评定、职位晋升的重要依据。

二、管理体系创建方案

1. 省公司层面

加强技术、专业管理。负责整体推进全省配网不停电作业工作发展，以智能配网技术中心和配网不停电作业培训基地为支撑，搭建人员培养和技术创新平台。智能配网技术中心负责配网不停电作业项目、新技术、新工具的评审、鉴定与技术经验交流；配网不停电作业培训基地负责人员培养和新技术、新工具的效果验证、研发推广。

2. 市县公司层面

深化"市县一体化"管理。统一配网不停电作业流程，计划刚性管理，统一人员装备调配，共享技术成果，统一市县质量评估，规范数据资料，统一智能库房建设，优化资源配置，统一模范试点推广，提升技能水平，实现市县配网不停电作业建设标准化与规范化；完善组织机构与职责分工、计划与安全管控、人员与装备管理，实现不停电作业管理高效、管控有力、技术共享、资源集约。各县公司在地市公司统一指挥下，根据各自特色，以"地域相邻、能力互补、资源共享"为原则，灵活开展区域协同作业，优化资源配置。管理体系如图7-1所示。

3. 在业务界面

（1）省公司设备部，负责整体推进配网不停电体系建设工作、资源调配和重大事务的决策；负责组织贯彻落实配网不停电作业相关技术制度标准；负责审批各地市配网不停电作业发展规划、年度计划；负责审批所属不停电作业新项目研发推广应用；负责组织重大配网不停电技术难题攻关；负责指导、监督、考核基层单位配网不停电工作的开展。

（2）智能配网技术中心，负责配网不停电作业业务分析；负责不停电作业技术标准收集，规范制定、修编；负责新技术、新设备、新工艺、新方法推广应用的技术鉴定；负责配网不停电作业技术交流。

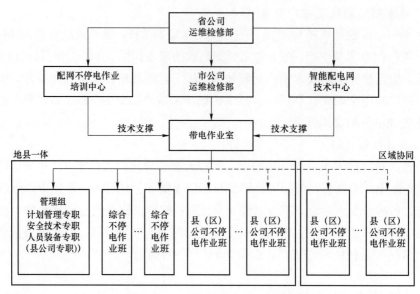

图 7-1　配网不停电作业管理体系

（3）配网不停电作业培训基地，成立配网不停电作业技术应用研发基地，形成产学研创新模式；研究不停电作业新技术、新方法、新工具，拓展不停电作业领域；负责全省配网不停电作业人员差异化培训；负责新技术、新设备、新工艺、新方法的推广应用及协助评审。

（4）地市公司运检部，统一领导地市公司配网不停电作业室和各县公司的配网不停电作业工作，促进地市公司系统全面推进配网不停电作业工作和进一步提升配网不停电作业工作质量，并贯彻落实省公司配网不停电作业相关技术标准规范。

（5）不停电作业室，负责地市公司配网不停电作业统一发展规划和技术管理；制定配网不停电作业专业规章制度及业务流程；强化安全管控、制定专业化的安全生产管理细则；负责公司配网不停电作业人员培训及新项目、工器具开发；负责跨区域不停电作业工作协调；参与配网施工改造图纸初审，提出有利于不停电作业的设计建议；复杂作业的方案编审及组织实施。

（6）不停电作业室管理组，计划管理专责负责市、县作业计划梳理、评估，县公司计划下达等工作；人员装备专责负责人员培训、工器具、车辆及库房管理，区域装备协调等工作；安全技术管理专责负责作业标准化管理、现场安全管控、安全稽查等工作；县公司不停电作业专责负责加强与不停电作业室技术沟通，做好上报计划、人员培训、技术交流等工作。

（7）综合不停电作业班，负责复杂类作业项目组织执行，完成班组人员、工器具、装备及库房等的日常管理工作。县（区）不停电作业班负责简单类作业项目执行，按照区域协同机制配合综合不停电作业班完成复杂作业项目工作，完成班组人员、工器具、装备及库房等日常管理工作。

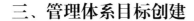

三、管理体系目标创建

（1）全面提升安全管控水平，车辆、工器具种类齐全，数量充足，库房标准智能，实现了装备配置优良；人员分工更加明细，队伍更加壮大，实现了人员差异化培养；计划审核规范，现场视频监控实时，实现了市县一体化管理模式的再提升。

（2）全面提升作业开展水平，不停电作业全面应用到业扩、基建、消缺、检修等各类配网作业中，实现了配网业务全覆盖；不停电作业全面应用到平原、山区、海岛等区域，实现了作业地形全覆盖；不停电作业常态化运用各类作业方式，实现了技术手段全覆盖；完成核心示范区建设，总结经验，以点带面，在全省范围内逐步推广。

（3）全面提升创新研发能力，研究并开展涵盖传统的带电作业、电缆不停电作业、旁路作业、短时停电作业及其相互组合等多种不停电作业方式，实现了作业方式丰富全面；研制的各类工器具和装备在省内推广应用，提高了作业效率，降低了安全风险。

（4）全面提升支撑保障能力，建立以提升供电可靠性为目标的评价标准，促进配网不停电作业的科学发展。建立人员激励保障机制，吸收优秀人才，壮大专业队伍，实现人员培养更加合理，队伍建设更加专业。

四、管理体系提升措施

1. 优化管理模式

通过优化管理模式达到不停电作业的高效安全实施和完全不停电目标的实现是配网不停电作业发展的最终目标。简化管理的程序和一些繁琐的审批手续，将权利下放，管理上升，将管理的精力集中于人员的培训和考核方面，制定或选用更适合不停电作业的线路设计和设备类型。摆脱以人管人的管理，靠科学的制度和合理的管理体系来保障专业的正常运转。包括一些红线、底线的设置和规定，也包括一些人性化的管理方式和手段，管理有棱角的同时有温度，真正服务于生产一线和专业发展。

2. 提升装备水平

在标准化、规范化的配电线路建设和改造的前提下，以不停电为目标，大力推进配网不停电作业。装备配置上以实用、适用、可用为基础，形成简而精的配置标准体系，以配网不停电为目标，研发与配电线路相匹配的装备，合理配置绝缘斗臂车、不停电作业工器具等，实现配网不停电作业面的不断扩展。通过新技术手段的应用不断拓展绝缘杆作业装备的应用范围，大力推进旁路作业装备的应用解决复杂工程项目不停电作业的需求。鼓励配网不停电作业工器具的革新、作业工艺的创新，不断完善装备体系。根据线路规模和人员数量科学合理的配置作业装备，通过严格的供应商评价制度保障作业装备的质量，全方位支撑专业发展需要。

3. 统一建设标准

以满足配网不停电作业为出发点，规范配电线路典型设计和设备选型。从作业风险和是否满足不停电作业条件等方面考虑，对配电线路典型设计和设备选型进行全面梳理和完善，设计、建设适应不停电作业规范的配电网，建立配网不停电作业示范区，如取消水平排列同杆（塔）架设的多回线路设计，对于支线、变台等小电流采用临时挂钩等连接，采用相间距离大的横担或绝缘横担等，确保新建线路基本满足不停电作业检修维护。

4. 加强人员培训

按照线路规模和人员承载力，加大配网不停电作业车辆、装备配置，为实现架空配电线路不停电检修奠定基础。加快无支腿绝缘斗臂车等先进车型的配置和应用，进一步完善移动箱变车的设计型式。强化不停电作业人员培训，切实提升不停电作业能力。根据配网不停电作业发展规模，建立满足培训需求的一定数量的实训基地。加强配网不停电作业培训基地建设，提高实训基地培训能力，满足内部培训需求。重视配网不停电作业队伍建设，着力培养专业基础扎实、实践经验丰富的业务骨干，完善作业人员资质培训和持证上岗考核机制，提升作业人员业务水平。参照国际先进经验，采取宽进严出的方式严格对作业人员的培养，形成良好的人员成长通道和模式。从专业层面建立不停电作业人员技能工种，在合理范围内提高人员薪资水平，形成正向激励。

5. 拓展作业范围

按照"能带不停"的原则，积极拓展架空线路三、四类和电缆不停电作业，在县域配网全面普及一、二类简单作业项目，逐步实现全面不停电作业。严格审查配电线路检修计划，由各市公司组织成立配网计划管控组，对所有配网计划采取"筛沙子"的管理方式，即在确实不满足不停电作业条件或环境的情况下方可采取停电作业，建立新增用户完全不停电接电模式，建立停电审核追溯制度，对于满足不停电作业条件未采取的单位在指标上予以体现。推广应用配网不停电作业新技术、新方法，强化旁路作业设备的安全管理和应用，提升绝缘杆作业法占比，将复杂作业简单化，降低人员劳动强度和作业风险，积极稳妥的拓展配网不停电作业范围。

第八章

配网不停电作业操作项目要点

第一节　第一类不停电作业项目

一、普通消缺及装拆附件

范围包括：修剪树枝、清除异物、扶正绝缘子、拆除退役设备；加装或拆除接触设备套管、故障指示器、驱鸟器等。

（一）主要工器具配备

主要工器具配备见表 8-1。

表 8-1　　　　　　　　　　　　主 要 工 器 具 配 备

序号	工器具名称		规格、型号	数量	备注
1	绝缘防护用具	绝缘手套	10kV	2 双	带防护手套
2		绝缘安全帽	10kV	2 顶	
3		双重保护绝缘安全带	10kV	2 副	
4	绝缘工具	绝缘操作杆	10kV	若干	根据具体工作内容配置
5		绝缘传递绳	12mm	1 根	15m
6		绝缘套管安装工具	10kV	1 套	
7		绝缘夹钳	10kV	2 把	
8		故障指示器安装工具	10kV	1 套	
9		驱鸟器安装工具	10kV	1 套	
10		绝缘套筒操作杆	10kV	1 根	根据绝缘子螺母直径配置
11	其他	绝缘测试仪	2500V 及以上	1 套	
12		验电器	10kV	1 套	

（二）安全措施及注意事项

1. 气象条件

带电作业应在良好天气下进行，风力大于 5 级，或湿度大于 80% 时，不宜带电作业。若遇雷电、雪、雹、雨、雾等不良天气，禁止带电作业。带电作业过程中若遇天气突然变化，有可能危及人身及设备安全时，应立即停止工作，撤离人员，恢复设备正常状况，或采取临时安全措施。

2. 作业环境

如在车辆繁忙地段作业应与交通管理部门联系以取得配合。

3. 安全距离及有效绝缘长度

（1）作业中，绝缘操作杆的有效绝缘长度应不小于 0.7m。

（2）作业中，人体应保持对带电体 0.4m 以上的安全距离。如不能确保该安全距离时，应采用绝缘遮蔽措施，遮蔽用具之间的重叠部分不得小于 150mm。

（3）带电作业时如需穿越低压线，应保持有效安全距离或采取绝缘遮蔽措施。

4. 重合闸

本项目一般无需停用线路重合闸。

5. 关键点

（1）杆上电工到达作业位置，作业前应得到工作监护人的许可。

（2）在作业时，如需使用绝缘斗臂车配合作业，应落实相关的安全措施和安全注意事项。

（3）作业过程中绝缘工具金属部分应与接地体保持足够的安全距离。

6. 其他安全注意事项

（1）杆上电工登杆作业应正确使用安全带。

（2）作业线路下层有低压线路同杆并架时，如妨碍作业，应对作业范围内的相关低压线路采用绝缘遮蔽措施。

（3）上、下传递工具、材料均应使用绝缘绳传递，严禁抛掷。

二、带电更换避雷器

（一）主要工器具配备

主要工器具配备见表 8-2。

表 8-2　　　　　　　　　　　主 要 工 器 具 配 备

序号	工器具名称		规格、型号	数量	备注
1	绝缘防护用具	绝缘手套	10kV	2 双	带防护手套
2		绝缘安全帽	10kV	2 顶	

序号	工器具名称		规格、型号	数量	备注
3	绝缘防护用具	双重保护绝缘安全带	10kV	2 副	
4	绝缘工具	绝缘操作杆	10kV	1 副	装、拆避雷器接线器用
5		绝缘传递绳	12mm	1 根	15m
6	其他	绝缘测试仪	2500V 及以上	1 套	
7		验电器	10kV	1 套	
8		护目镜	—	2 副	

（二）安全措施及注意事项

1. 气象条件

带电作业应在良好天气下进行，风力大于 5 级，或湿度大于 80%时，不宜带电作业。若遇雷电、雪、雹、雨、雾等不良天气，禁止带电作业。带电作业过程中若遇天气突然变化，有可能危及人身及设备安全时，应立即停止工作，撤离人员，恢复设备正常状况，或采取临时安全措施。

2. 作业环境

如在车辆繁忙地段应与交通管理部门联系以取得配合。

3. 安全距离及有效绝缘长度

（1）作业中，绝缘操作杆的有效绝缘长度应不小于 0.7m。

（2）作业中，人体应保持对带电体 0.4m 以上的安全距离。如不能确保该安全距离时，应采用绝缘遮蔽措施，遮蔽用具之间的重叠部分不得小于 150mm。

4. 重合闸

本项目需停用线路重合闸。

5. 关键点

（1）作业人员在拆除避雷器引流线前应得到工作监护人的许可。

（2）作业过程中绝缘工具金属部分应与接地体保持足够的安全距离。

6. 其他安全注意事项

（1）杆上电工登杆作业应正确使用安全带。

（2）作业线路下层有低压线路同杆并架时，如妨碍作业，应对作业范围内的相关低压线路采用绝缘遮蔽措施。

（3）在同杆架设线路上工作，与上层线路小于安全距离规定且无法采取安全措施时，不得进行该项工作。

（4）在作业时，要注意避雷器引线与横担及邻相引线的安全距离。

（5）新装避雷器需查验试验合格报告并使用绝缘测试仪确认绝缘性能完好。

（6）上、下传递工具、材料均应使用绝缘绳传递，严禁抛掷。

三、带电断引流线

范围包括：熔断器上引线、分支线路引线、耐张杆引流线等。

（一）主要工器具配备

主要工器具配备见表 8-3。

表 8-3 主 要 工 器 具 配 备

序号	工器具名称		规格、型号	数量	备注
1	绝缘防护用具	绝缘手套	10kV	2 双	带防护手套
2		绝缘安全帽	10kV	2 顶	
3		双重保护绝缘安全带	10kV	2 副	
4	绝缘工具	绝缘传递绳	12mm	1 根	15m
5		绝缘锁杆	10kV	1 副	
6		绝缘杆套筒扳手	10kV	1 副	
7		线夹安装工具	10kV	1 副	
8		绝缘操作杆	10kV	1 副	设置绝缘遮蔽罩用
9		绝缘杆断线剪	10kV	1 把	
10	其他	绝缘测试仪	2500V 及以上	1 套	
11		电流检测仪	高压	1 套	
12		验电器	10kV	1 套	
13		护目镜	—	2 副	

（二）安全措施及注意事项

1. 气象条件

带电作业应在良好天气下进行，风力大于 5 级，或湿度大于 80% 时，不宜带电作业。若遇雷电、雪、雹、雨、雾等不良天气，禁止带电作业。带电作业过程中若遇天气突然变化，有可能危及人身及设备安全时，应立即停止工作，撤离人员，恢复设备正常状况，或采取临时安全措施。

2. 作业环境

如在车辆繁忙地段作业应与交通管理部门联系以取得配合。

3. 安全距离及有效绝缘长度

（1）作业中，绝缘操作杆的有效绝缘长度应不小于 0.7m。

（2）作业中，人体应保持对带电体 0.4m 以上的安全距离；如不能确保该安全距离时，应采用绝缘遮蔽措施，遮蔽用具之间的重叠部分不得小于 150mm。

4. 重合闸

本项目一般无需停用线路重合闸。

5. 关键点

（1）工作人员使用绝缘工具在接触带电导线前应得到工作监护人的许可。

（2）断分支线路引线、耐张杆引流线，空载电流应不大于 5A。

（3）在作业时，要注意带电导线与横担及邻相导线的安全距离。

（4）断引线应按先易后难的原则。

（5）在所断线路三相引线未全部拆除前，已拆除的引线应视为带电。

6. 其他安全注意事项

（1）杆上电工登杆作业应正确使用安全带。

（2）杆上电工操作时动作要平稳，移动剪断后的上引线时应与带电导体保持 0.4m 以上安全距离。

（3）作业线路下层有低压线路同杆并架时，如妨碍作业，应对作业范围内的相关低压线路采用绝缘遮蔽措施。

（4）在使用绝缘断线剪断引线时，应有防止断开的引线摆动碰及带电设备的措施。

（5）在同杆架设线路上工作，与上层线路小于安全距离规定且无法采取安全措施时，不得进行该项工作。

（6）上、下传递工具、材料均应使用绝缘绳传递，严禁抛掷。

四、带电接引流线

范围包括：熔断器上引线、分支线路引线、耐张杆引流线等。

（一）主要工器具配备

主要工器具配备见表 8-4。

表 8-4　　　　　　　　　　　主 要 工 器 具 配 备

序号	工器具名称		规格、型号	数量	备注
1	作业平台	绝缘斗臂车	10kV	1 辆	
2	绝缘防护用具	绝缘手套	10kV	2 双	带防护手套
3		绝缘安全帽	10kV	2 顶	
4		绝缘安全带	10kV	2 副	登杆应选用双重保护绝缘安全带
5	绝缘工具	绝缘杆套筒扳手	10kV	1 副	
6		导线遮蔽罩	10kV	若干	绝缘杆作业法用
7		专用遮蔽罩	10kV	若干	绝缘杆作业法用
8		线夹安装工具	10kV	1 副	绝缘杆作业法用
9		遮蔽罩操作杆	10kV	1 根	绝缘杆作业法用

续表

序号	工器具名称		规格、型号	数量	备注
10	绝缘工具	J 型线夹安装工具	10kV	1 副	绝缘杆作业法用
11		绝缘线径测量仪	10kV	1 根	绝缘杆作业法用
12		绝缘锁杆	10kV	1 副	可同时锁定 2 根导线
13		绝缘测量杆	10kV	1 副	
14		绝缘杆式导线清扫刷	10kV	1 副	
15		绝缘导线剥皮器	10kV	1 套	绝缘杆作业法用
16		绝缘护罩安装工具	10kV	1 套	绝缘杆作业法用
17		绝缘传递绳	12mm	1 根	15m
18		绝缘测试仪	2500V 及以上	1 套	
19	其他	验电器	10kV	1 套	
20		验电器	0.4kV	1 套	
21		护目镜	—	2 副	

（二）安全措施及注意事项

1. 气象条件

带电作业应在良好天气下进行，风力大于 5 级，或湿度大于 80% 时，不宜带电作业。若遇雷电、雪、雹、雨、雾等不良天气，禁止带电作业。带电作业过程中若遇天气突然变化，有可能危及人身及设备安全时，应立即停止工作，撤离人员，恢复设备正常状况，或采取临时安全措施。

2. 作业环境

如在车辆繁忙地段作业应与交通管理部门联系以取得配合。

3. 安全距离及有效绝缘长度

（1）作业中，人体应保持对带电体 0.4m 以上的安全距离；如不能确保该安全距离时，应采用绝缘遮蔽措施，遮蔽用具之间的重叠部分不得小于 150mm。

（2）作业中，绝缘操作杆的有效绝缘长度应不小于 0.7m。

4. 重合闸

本项目一般无需停用线路重合闸。

5. 关键点

（1）工作人员使用绝缘工具在接触带电导线前应得到工作监护人的许可。

（2）在作业时，要注意带电上引线与横担及邻相导线的安全距离。

（3）安装绝缘遮蔽时应按照由近及远、由低到高、先带电体后接地体的顺序依次进行，拆除时与此相反。

6. 其他安全注意事项

（1）杆上电工登杆作业应正确使用安全带。

（2）作业线路下层有低压线路同杆架设时，如妨碍作业，应对作业范围内的相关低压线路采用绝缘遮蔽措施。

（3）在同杆架设线路上工作，与上层线路小于安全距离规定且无法采取安全措施时，不得进行该项工作。

（4）上、下传递工具、材料均应使用绝缘绳传递，严禁抛掷。

第二节　第二类不停电作业项目

一、普通消缺及装拆附件

范围包括：清除异物、扶正绝缘子、修补导线及调节导线弧垂、处理绝缘导线异响、拆除退役设备、更换拉线、拆除非承力拉线；加装接地环、加装或拆除接触设备套管、故障指示器、驱鸟器等。

（一）主要工器具配备

主要工器具配备见表8-5。

表8-5　　　　　　　　　　　主要工器具配备

序号	工器具名称		规格、型号	数量	备注
1	特种车辆	绝缘斗臂车	10kV	1辆	
2	绝缘防护用具	绝缘手套	10kV	2副	带防护手套
3		绝缘安全帽	10kV	2顶	
4		绝缘服	10kV	2套	
5		绝缘安全带	10kV	2副	
6	绝缘遮蔽用具	导线遮蔽罩	10kV	若干	
7		绝缘毯	10kV	若干	
8		引流线遮蔽罩	10kV	3根	
9		绝缘绳套	—	2根	
10	绝缘工具	绝缘传递绳	12mm	1根	15m
11		绝缘紧线器	—	1个	
12		卡线头	—	2个	
13		后备保护绳	—	1条	
14	其他	绝缘测试仪	2500V及以上	1套	
15		验电器	10kV	1套	

（二）安全措施及注意事项

1. 气象条件

带电作业应在良好天气下进行，风力大于 5 级，或湿度大于 80% 时，不宜带电作业。若遇雷电、雪、雹、雨、雾等不良天气，禁止带电作业。带电作业过程中若遇天气突然变化，有可能危及人身及设备安全时，应立即停止工作，撤离人员，恢复设备正常状况，或采取临时安全措施。

2. 作业环境

如在车辆繁忙地段应与交通管理部门联系以取得配合。

3. 安全距离及有效绝缘长度

（1）作业中，绝缘斗臂车绝缘臂的有效绝缘长度应不小于 1.0m。

（2）作业中，人体应保持对地不小于 0.4m、对邻相导线不小于 0.6m 的安全距离；如不能确保该安全距离时，应采用绝缘遮蔽措施，遮蔽用具之间的重叠部分不得小于 150mm。

4. 重合闸

本项目一般无需停用线路重合闸。

5. 关键点

（1）作业人员应认真检查导线损伤情况，工作负责人决定相应的修补方案、遮蔽措施及防断线安全措施。

（2）作业人员在接触带电导线和换相工作前应得到工作监护人的许可。

（3）较长绑线在移动过程中或在一端进行绑扎时，应采取防止绑线接近邻近有电设备的安全措施。

（4）作业时，严禁人体同时接触两个不同的电位体；绝缘斗内双人工作时禁止两人接触不同的电位体。

6. 其他安全注意事项

（1）作业前应进行现场勘察。

（2）斗臂车绝缘斗在有电工作区域转移时，应缓慢移动，动作要平稳；绝缘斗臂车作业时，发动机不能熄火（电能驱动型除外），以保证液压系统处于工作状态。

（3）在操作绝缘斗移动时，应防止与电杆、导线、周围障碍物、邻近绝缘斗臂车碰擦。

（4）作业线路下层有低压线路同杆架设时，如妨碍作业，应对作业范围内的相关低压线路采取绝缘遮蔽措施。

（5）在加装中间相故障指示器或中间相验电接地环时，作业人员应位于中间相与遮蔽相导线之间。

（6）根据导线损伤情况，由工作负责人决定是否采取防止作业过程中导线断线的安全措施。

（7）在同杆架设线路上工作，与上层线路小于安全距离规定且无法采取安全措施时，不得进行该项工作。

（8）上、下传递工具、材料均应使用绝缘传递绳，严禁抛掷。

（9）作业过程中禁止摘下绝缘防护用具。

二、带电辅助加装或拆除绝缘遮蔽

（一）主要工器具配备

主要工器具配备见表 8-6。

表 8-6　　　　　　　　　　　主 要 工 器 具 配 备

序号	工器具名称		规格、型号	数量	备注
1	特种车辆	绝缘斗臂车	10kV	1辆	
2	绝缘防护用具	绝缘手套	10kV	2副	带防护手套
3		绝缘安全帽	10kV	2顶	
4		绝缘服	10kV	2套	
5		绝缘安全带	10kV	2副	
6	绝缘遮蔽用具	导线遮蔽罩	10kV	若干	
7		绝缘毯	10kV	若干	
8		绝缘子遮蔽罩	10kV	若干	
9		横担遮蔽罩	10kV	若干	
10	绝缘工具	绝缘传递绳	12mm	2根	15m
11	其他	绝缘测试仪	2500V 及以上	1套	
12		验电器	10kV	1套	

（二）安全措施及注意事项

1. 气象条件

带电作业应在良好天气下进行，风力大于 5 级，或湿度大于 80% 时，不宜带电作业。若遇雷电、雪、雹、雨、雾等不良天气，禁止带电作业。带电作业过程中若遇天气突然变化，有可能危及人身及设备安全时，应立即停止工作，撤离人员，恢复设备正常状况，或采取临时安全措施。

2. 作业环境

如在车辆繁忙地段应与交通管理部门联系以取得配合。

3. 安全距离及有效绝缘长度

（1）作业中，绝缘斗臂车绝缘臂的有效绝缘长度应不小于 1.0m。

（2）作业中，人体应保持对地不小于 0.4m、对邻相导线不小于 0.6m 的安全距离；如不能确保该安全距离时，应采用绝缘遮蔽措施，遮蔽用具之间的重叠部分不得小于 150mm。

4. 重合闸

本项目一般无需停用线路重合闸。

5. 关键点

（1）作业人员在接触带电导线和换相工作前应得到工作监护人的许可。

（2）作业时，严禁人体同时接触两个不同的电位体；绝缘斗内双人工作时禁止两人接触不同的电位体。

6. 其他安全注意事项

（1）作业前应进行现场勘察。

（2）斗臂车绝缘斗在有电工作区域转移时，应缓慢移动，动作要平稳；绝缘斗臂车作业时，发动机不能熄火（电能驱动型除外），以保证液压系统处于工作状态。

（3）在操作绝缘斗移动时，应防止与电杆、导线、周围障碍物、邻近绝缘斗臂车碰擦。

（4）作业线路下层有低压线路同杆并架时，如妨碍作业，应对作业范围内的相关低压线路采取绝缘遮蔽措施。

（5）上、下传递工具、材料均应使用绝缘传递绳，严禁抛掷。

（6）作业过程中禁止摘下绝缘防护用具。

三、带电更换避雷器

（一）主要工器具配备

主要工器具配备见表8-7。

表8-7 主 要 工 器 具 配 备

序号	工器具名称		规格、型号	数量	备注
1	特种车辆	绝缘斗臂车	10kV	1辆	
2	绝缘防护用具	绝缘手套	10kV	2双	带防护手套
3		绝缘安全帽	10kV	2顶	
4		绝缘服	10kV	2套	
5		绝缘安全带	10kV	2副	
6	绝缘遮蔽用具	绝缘隔板	10kV	2个	
7	绝缘工具	绝缘锁杆	10kV	1副	
8		绝缘传递绳	12mm	1根	15m
9	其他	绝缘测试仪	2500V及以上	1套	
10		验电器	10kV	1套	
11		护目镜	—	2副	

（二）安全措施及注意事项

1. 气象条件

带电作业应在良好天气下进行，风力大于5级，或湿度大于80%时，不宜带电作业。若遇雷电、雪、雹、雨、雾等不良天气，禁止带电作业。带电作业过程中若遇天气突然变化，有可能危及人身及设备安全时，应立即停止工作，撤离人员，恢复设备正常状况，或采取临时安全措施。

2. 作业环境

作业现场和绝缘斗臂车两侧，应根据作业环境设置安全围栏、警告标志或路障，防止外人进入工作区域；如在车辆繁忙地段应与交通管理部门联系以取得配合。

3. 安全距离及有效绝缘长度

（1）作业中，绝缘斗臂车绝缘臂的有效绝缘长度应不小于 1.0m，绝缘操作杆有效绝缘距离应不小于 0.7m。

（2）作业中，人体应保持对地不小于 0.4m、对邻相导线不小于 0.6m 的安全距离；如不能确保该安全距离时，应采用绝缘遮蔽措施，遮蔽用具之间的重叠部分不得小于 150mm。

4. 重合闸

本项目需停用线路重合闸。

5. 关键点

（1）作业人员在接触带电导线和换相工作前应得到工作监护人的许可。

（2）在作业时，要注意避雷器引线与横担及邻相引线的安全距离。

（3）作业时，严禁人体同时接触两个不同的电位体；绝缘斗内双人工作时禁止两人接触不同的电位体。

6. 其他安全注意事项

（1）作业前应进行现场勘察。

（2）斗臂车绝缘斗在有电工作区域转移时，应缓慢移动，动作要平稳；绝缘斗臂车作业时，发动机不能熄火（电能驱动型除外），以保证液压系统处于工作状态。

（3）作业线路下层有低压线路同杆架设时，如妨碍作业，应对作业范围内的相关低压线路采取绝缘遮蔽措施。

（4）作业中及时恢复绝缘遮蔽隔离措施。

（5）拆避雷器引线宜先从与主导线或其他搭接部位拆除，防止带电引线突然弹跳。

（6）在同杆架设线路上工作，与上层线路小于安全距离规定且无法采取安全措施时，不得进行该项工作。

（7）上、下传递工具、材料均应使用绝缘传递绳，严禁抛掷。

（8）作业过程中禁止摘下绝缘防护用具。

四、带电断引流线

范围包括：熔断器上引线、分支线路引线、耐张杆引流线等。

（一）主要工器具配备

主要工器具配备见表 8-8。

表 8-8   主 要 工 器 具 配 备

序号	工器具名称		规格、型号	数量	备注
1	特种车辆	绝缘斗臂车	10kV	1 辆	
2	绝缘防护用具	绝缘手套	10kV	2 双	带防护手套
3		绝缘安全帽	10kV	2 项	
4		绝缘服	10kV	2 套	
5		绝缘安全带	10kV	2 副	
6	绝缘遮蔽用具	导线遮蔽罩	10kV	若干	
7		绝缘毯	10kV	若干	
8		横担遮蔽罩	10kV	2 个	
9		熔断器遮蔽罩	10kV	3 个	
10	绝缘工具	绝缘传递绳	12mm	1 根	15m
11		绝缘锁杆	10kV	1 副	可同时锁定 2 根导线
12	其他	绝缘测试仪	2500V 及以上	1 套	
13		电流检测仪	10kV	1 套	
14		验电器	10kV	1 套	
15		护目镜	—	2 副	

（二）安全措施及注意事项

1. 气象条件

带电作业应在良好天气下进行，风力大于 5 级，或湿度大于 80% 时，不宜带电作业。若遇雷电、雪、雹、雨、雾等不良天气，禁止带电作业。带电作业过程中若遇天气突然变化，有可能危及人身及设备安全时，应立即停止工作，撤离人员，恢复设备正常状况，或采取临时安全措施。

2. 作业环境

如在车辆繁忙地段应与交通管理部门联系以取得配合。

3. 安全距离及有效绝缘长度

（1）作业中，绝缘斗臂车绝缘臂的有效绝缘长度应不小于 1.0m。

（2）作业中，人体应保持对地不小于 0.4m、对邻相导线不小于 0.6m 的安全距离；如不能确保该安全距离时，应采用绝缘遮蔽措施，遮蔽用具之间的重叠部分不得小于 150mm。

4. 重合闸

本项目一般无需停用线路重合闸。

5. 关键点

（1）断分支线路引线、耐张杆引流线，空载电流应不大于 5A，大于 0.1A 时应使用专用的消弧开关。

（2）作业人员在接触带电导线和换相作业前应得到工作监护人的许可。

（3）在作业时，要注意带电引线与横担及邻相导线的安全距离。

（4）当三相导线三角排列时且横担较短，宜在近边相外侧拆除中间相引线；当三相导线水平排列时，作业人员宜位于中间相与遮蔽相导线之间。

（5）在所断线路三相引线未全部拆除前，已拆除的引线应视为有电。

（6）作业时，严禁人体同时接触两个不同的电位体；绝缘斗内双人工作时禁止两人接触不同的电位体。

6. 其他安全注意事项

（1）作业前应进行现场勘察。

（2）当斗臂车绝缘斗距有电线路距离较近工作转移时，应缓慢移动，动作要平稳，严禁使用快速挡；绝缘斗臂车在作业时，发动机不能熄火（电能驱动型除外），以保证液压系统处于工作状态。

（3）作业线路下层有低压线路同杆架设时，如妨碍作业，应对作业范围内的相关低压线路采取绝缘遮蔽措施。

（4）在同杆架设线路上工作，与上层或相邻导线小于安全距离规定且无法采取安全措施时，不得进行该项工作。

（5）上、下传递工具、材料均应使用绝缘传递绳，严禁抛掷。

（6）作业过程中禁止摘下绝缘防护用具。

五、带电接引流线

范围包括：熔断器上引线、分支线路引线、耐张杆引流线等。

（一）主要工器具配备

主要工器具配备见表8-9。

表8-9　　　　　　　　　　　主 要 工 器 具 配 备

序号	工器具名称		规格、型号	数量	备注
1	特种车辆	绝缘斗臂车	10kV	1辆	
2	绝缘防护用具	绝缘手套	10kV	2双	带防护手套
3		绝缘安全帽	10kV	2顶	
4		绝缘服	10kV	2套	
5		绝缘安全带	10kV	2副	
6	绝缘遮蔽用具	导线遮蔽罩	10kV	若干	
7		绝缘毯	10kV	若干	
8		横担遮蔽罩	10kV	2个	
9		熔断器遮蔽罩	10kV	3个	
10	绝缘工具	绝缘传递绳	12mm	1根	15m

续表

序号	工器具名称		规格、型号	数量	备注
11	绝缘工具	绝缘测量杆	10kV	1副	
12		绝缘杆式导线清扫刷	10kV	1副	
13		绝缘锁杆	10kV	1副	可同时锁定2根导线
14	其他	绝缘测试仪	2500V及以上	1套	
15		验电器	10kV	1套	
16		护目镜	—	2副	

（二）安全措施及注意事项

1. 气象条件

带电作业应在良好天气下进行，风力大于5级，或湿度大于80%时，不宜带电作业。若遇雷电、雪、雹、雨、雾等不良天气，禁止带电作业。带电作业过程中若遇天气突然变化，有可能危及人身及设备安全时，应立即停止工作，撤离人员，恢复设备正常状况，或采取临时安全措施。

2. 作业环境

作业现场和绝缘斗臂车两侧，应根据作业环境设置安全围栏、警告标志或路障，防止外人进入工作区域；如在车辆繁忙地段应与交通管理部门联系以取得配合。

3. 安全距离及有效绝缘长度

（1）作业中，绝缘斗臂车绝缘臂的有效绝缘长度应不小于1.0m，绝缘操作杆有效绝缘距离应不小于0.7m。

（2）作业中，人体应保持对地不小于0.4m、对邻相导线不小于0.6m的安全距离；如不能确保该安全距离时，应采用绝缘遮蔽措施，遮蔽用具之间的重叠部分不得小于150mm。

4. 重合闸

本项目一般无需停用线路重合闸。

5. 关键点

（1）工作人员在接触带电导线和换相工作前应得到工作监护人的许可。

（2）在作业时，要注意引线与横担及邻相导线的安全距离。

（3）作业时，严禁人体同时接触两个不同的电位体；绝缘斗内双人工作时禁止两人接触不同的电位体。

（4）待接引流线如为绝缘线，剥皮长度应比接续线夹长2cm，且端头应有防止松散的措施。

6. 其他安全注意事项

（1）作业前应进行现场勘察。

（2）斗臂车绝缘斗在有电工作区域转移时，应缓慢移动，动作要平稳；绝缘斗臂车作业时，发动机不能熄火（电能驱动型除外），以保证液压系统处于工作状态。

（3）作业线路下层有低压线路同杆架设时，如妨碍作业，应对作业范围内的相关低压线

路采取绝缘遮蔽措施。

（4）在同杆架设线路上工作，与上层线路小于安全距离规定且无法采取安全措施时，不得进行该项工作。

（5）上、下传递工具、材料均应使用绝缘传递绳，严禁抛掷。

（6）作业过程中禁止摘下绝缘防护用具。

六、带电更换熔断器

（一）主要工器具配备

主要工器具配备见表 8-10。

表 8-10　　　　　　　　　主 要 工 器 具 配 备

序号	工器具名称		规格、型号	数量	备注
1	特种车辆	绝缘斗臂车	10kV	1辆	
2	绝缘防护用具	绝缘手套	10kV	2双	带防护手套
3		绝缘安全帽	10kV	2顶	
4		绝缘服	10kV	2套	
5		绝缘安全带	10kV	2副	
6	绝缘遮蔽用具	导线遮蔽罩	10kV	6根	
7		跳线遮蔽罩	10kV	3根	
8		绝缘毯	10kV	若干	
9		熔断器遮蔽罩	10kV	3个	
10	绝缘工具	绝缘传递绳	12mm	1根	15m
11		绝缘操作杆	—	1副	拉、合熔断器用
12	其他	绝缘测试仪	2500V 及以上	1套	
13		验电器	10kV	1套	
14		护目镜	—	2副	

（二）安全措施及注意事项

1. 气象条件

带电作业应在良好天气下进行，风力大于 5 级，或湿度大于 80%时，不宜带电作业。若遇雷电、雪、雹、雨、雾等不良天气，禁止带电作业。带电作业过程中若遇天气突然变化，有可能危及人身及设备安全时，应立即停止工作，撤离人员，恢复设备正常状况，或采取临时安全措施。

2. 作业环境

作业现场和绝缘斗臂车两侧，应根据作业环境设置安全围栏、警告标志或路障，防止外人进入工作区域；如在车辆繁忙地段应与交通管理部门联系以取得配合。

3. 安全距离及有效绝缘长度

（1）作业中，绝缘斗臂车绝缘臂的有效绝缘长度应不小于 1.0m，绝缘操作杆有效绝缘长度应不小于 0.7m。

（2）作业中，人体应保持对地不小于 0.4m、对邻相导线不小于 0.6m 的安全距离；如不能确保该安全距离时，应采用绝缘遮蔽措施，遮蔽用具之间的重叠部分不得小于 150mm。

4. 重合闸

本项目需停用线路重合闸。

5. 关键点

（1）在接触带电导线和换相工作前应得到工作监护人的许可。

（2）作业时，严禁人体同时接触两个不同的电位体；绝缘斗内双人工作时禁止两人接触不同的电位体。

6. 其他安全注意事项

（1）作业前应进行现场勘察。

（2）斗臂车绝缘斗在有电工作区域转移时，应缓慢移动，动作要平稳；绝缘斗臂车作业时，发动机不能熄火（电能驱动型除外），以保证液压系统处于工作状态。

（3）作业线路下层有低压线路同杆架设时，如妨碍作业，应对作业范围内的相关低压线路采取绝缘遮蔽措施。

（4）在同杆架设线路上工作，与上层线路小于安全距离规定且无法采取安全措施时，不得进行该项工作。

（5）上、下传递工具、材料均应使用绝缘传递绳，严禁抛掷。

（6）作业过程中禁止摘下绝缘防护用具。

七、带电更换直线杆绝缘子

（一）主要工器具配备

主要工器具配备见表 8–11。

表 8–11　　　　　　　　　　主 要 工 器 具 配 备

序号	工器具名称		规格、型号	数量	备注
1	特种车辆	绝缘斗臂车	10kV	1辆	
2	绝缘防护用具	绝缘手套	10kV	2双	带防护手套
3		绝缘安全帽	10kV	2顶	
4		绝缘服	10kV	2套	
5		绝缘安全带	10kV	2副	

序号	工器具名称		规格、型号	数量	备注
6	绝缘遮蔽用具	导线绝缘罩	10kV	6 根	
7		绝缘毯	10kV	8 块	
8		横担遮蔽罩	10kV	2 个	
9		绝缘子遮蔽罩	10kV	1 个	
10		电杆遮蔽罩	10kV	1 个	
11	绝缘工具	绝缘传递绳	12mm	1 根	15m
12		绝缘横担	10kV	1 副	绝缘斗臂车用
13		绝缘绳套	—	1 根	
14	其他	绝缘测试仪	2500V 及以上	1 套	
15		验电器	10kV	1 套	

（二）安全措施及注意事项

1. 气象条件

带电作业应在良好天气下进行，风力大于 5 级，或湿度大于 80%时，不宜带电作业。若遇雷电、雪、雹、雨、雾等不良天气，禁止带电作业。带电作业过程中若遇天气突然变化，有可能危及人身及设备安全时，应立即停止工作，撤离人员，恢复设备正常状况，或采取临时安全措施。

2. 作业环境

作业现场和绝缘斗臂车两侧，应根据作业环境设置安全围栏、警告标志或路障，防止外人进入工作区域；如在车辆繁忙地段应与交通管理部门联系以取得配合。

3. 安全距离及有效绝缘长度

（1）作业中，绝缘斗臂车的有效绝缘长度应不小于 1.0m。

（2）作业中，人体应保持对地不小于 0.4m、对邻相导线不小于 0.6m 的安全距离；如不能确保该安全距离时，应采用绝缘遮蔽措施，遮蔽用具之间的重叠部分不得小于 150mm。

4. 重合闸

本项目一般无需停用线路重合闸。

5. 关键点

（1）在接触带电导线和换相工作前应得到工作监护人的许可。

（2）提升导线前及提升过程中，应检查两侧电杆上的绝缘子绑扎线是否牢靠，如有松动、脱线现象，应重新绑扎加固后方可进行作业。

（3）如对横担验电发现有电，禁止继续实施本项目。

（4）提升和下降导线时，要缓缓进行，以防止导线晃动，避免造成相间短路。

（5）作业时，严禁人体同时接触两个不同的电位体；绝缘斗内双人工作时禁止两人接触不同的电位体。

（6）提升和下降导线时，绝缘小吊绳应与导线垂直，避免导线横向受力。

6. 其他安全注意事项

（1）作业前应进行现场勘察。

（2）斗臂车绝缘斗在有电工作区域转移时，应缓慢移动，动作要平稳；绝缘斗臂车作业时，发动机不能熄火（电能驱动型除外），以保证液压系统处于工作状态。

（3）作业线路下层有低压线路同杆架设时，如妨碍作业，应对作业范围内的相关低压线路采取绝缘遮蔽措施。

（4）在同杆架设线路上工作，与上层线路小于安全距离规定且无法采取安全措施时，不得进行该项工作。

（5）上、下传递工具、材料均应使用绝缘传递绳，严禁抛掷。

（6）作业过程中禁止摘下绝缘防护用具。

八、带电更换直线杆绝缘子及横担

（一）主要工器具配备

主要工器具配备见表 8-12。

表 8-12　　　　　　　　　　主 要 工 器 具 配 备

序号	工器具名称		规格、型号	数量	备注
1	特种车辆	绝缘斗臂车	10kV	1 辆	
2	绝缘防护用具	绝缘手套	10kV	2 双	带防护手套
3		绝缘安全帽	10kV	2 顶	
4		绝缘服	10kV	2 套	
5		绝缘安全带	10kV	2 副	
6	绝缘遮蔽用具	导线遮蔽罩	10kV	6 根	
7		绝缘毯	10kV	8 块	
8		横担遮蔽罩	10kV	2 个	
9		绝缘子遮蔽罩	10kV	1 个	
10	绝缘工具	绝缘传递绳	12mm	1 根	15m
11		绝缘横担	10kV	1 副	
12	其他	绝缘测试仪	2500V 及以上	1 套	
13		验电器	10kV	1 套	

（二）安全措施及注意事项

1. 气象条件

带电作业应在良好天气下进行，风力大于 5 级，或湿度大于 80% 时，不宜带电作业。若遇雷电、雪、雹、雨、雾等不良天气，禁止带电作业。带电作业过程中若遇天气突然变化，有可能危及人身及设备安全时，应立即停止工作，撤离人员，恢复设备正常状况，或采取临时安全措施。

2. 作业环境

作业现场和绝缘斗臂车两侧，应根据作业环境设置安全围栏、警告标志或路障，防止外人进入工作区域；如在车辆繁忙地段应与交通管理部门联系以取得配合。

3. 安全距离及有效绝缘长度

（1）作业中，绝缘斗臂车绝缘臂的有效绝缘长度应不小于 1.0m，绝缘支杆或撑杆的有效绝缘长度应不小于 0.7m。

（2）作业中，人体应保持对地不小于 0.4m、对邻相导线不小于 0.6m 的安全距离；如不能确保该安全距离时，应采用绝缘遮蔽措施，遮蔽用具之间的重叠部分不得小于 150mm。

4. 重合闸

本项目一般无需停用线路重合闸。

5. 关键点

（1）在接触带电导线和换相工作前应得到工作监护人的许可。

（2）如对横担验电发现有电，禁止继续实施本项目。

（3）提升导线前及提升过程中，应检查两侧电杆上的导线绑扎线是否牢靠，如有松动、脱线现象，应重新绑扎加固后方可进行作业。

（4）提升和下降导线时，要缓缓进行，以防止导线晃动，避免造成相间短路；地面的绝缘绳索固定应可靠牢固，避免松动。

（5）作业时，严禁人体同时接触两个不同的电位体；绝缘斗内双人工作时禁止两人接触不同的电位体。

6. 其他安全注意事项

（1）作业前应进行现场勘察。

（2）斗臂车绝缘斗在有电工作区域转移时，应缓慢移动，动作要平稳；绝缘斗臂车作业时，发动机不能熄火（电能驱动型除外），以保证液压系统处于工作状态。

（3）作业线路下层有低压线路同杆架设时，如妨碍作业，应对作业范围内的相关低压线路采取绝缘遮蔽措施。

（4）在同杆架设线路上工作，与上层线路小于安全距离规定且无法采取安全措施时，不得进行该项工作。

（5）上、下传递工具、材料均应使用绝缘传递绳，严禁抛掷。

（6）作业过程中禁止摘下绝缘防护用具。

九、带电更换耐张杆绝缘子串

（一）主要工器具配备

主要工器具配备见表 8－13。

表 8-13 主 要 工 器 具 配 备

序号	工器具名称		规格、型号	数量	备注
1	特种车辆	绝缘斗臂车	10kV	1辆	
2	绝缘防护用具	绝缘手套	10kV	2双	带防护手套
3		绝缘安全帽	10kV	2顶	
4		绝缘服	10kV	2套	
5		绝缘安全带	10kV	2副	
6	绝缘遮蔽用具	导线遮蔽罩	10kV	6根	
7		跳线遮蔽罩	10kV	3根	
8		绝缘毯	10kV	若干	
9	绝缘工具	绝缘传递绳	12mm	1根	15m
10		绝缘绳套	—	1根	
11		绝缘紧线器	—	1套	
12		绝缘保护绳	—	1套	
13	其他	卡线器	—	2把	
14		绝缘测试仪	2500V 及以上	1套	
15		验电器	10kV	1套	

（二）安全措施及注意事项

1. 气象条件

带电作业应在良好天气下进行，风力大于 5 级，或湿度大于 80%时，不宜带电作业。若遇雷电、雪、雹、雨、雾等不良天气，禁止带电作业。带电作业过程中若遇天气突然变化，有可能危及人身及设备安全时，应立即停止工作，撤离人员，恢复设备正常状况，或采取临时安全措施。

2. 作业环境

作业现场和绝缘斗臂车两侧，应根据作业环境设置安全围栏、警告标志或路障，防止外人进入工作区域；如在车辆繁忙地段应与交通管理部门联系以取得配合。

3. 安全距离及有效绝缘长度

（1）作业中，绝缘斗臂车绝缘臂的有效绝缘长度应不小于 1.0m，绝缘绳套和后备保护的有效绝缘长度应不小于 0.4m。

（2）作业中，人体应保持对地不小于 0.4m、对邻相导线不小于 0.6m 的安全距离；如不能确保该安全距离时，应采用绝缘遮蔽措施，遮蔽用具之间的重叠部分不得小于 150mm。

4. 重合闸

本项目一般无需停用线路重合闸。

5. 关键点

（1）在接触带电导线和换相作业前应得到工作监护人的许可。

（2）验电发现横担有电，禁止继续实施本项作业。

（3）用绝缘紧线器收紧导线后，后备保护绳套应收紧固定。

（4）拔除、安装耐张线夹与耐张绝缘子连接的碗头挂板时，横担侧绝缘子及横担应有严密的绝缘遮蔽措施；在横担上拆除、挂接绝缘子串时，包括耐张线夹等导线侧带电导体应有严密的绝缘遮蔽措施。

（5）作业时，严禁人体同时接触两个不同的电位体；绝缘斗内双人工作时禁止两人接触不同的电位体。

6. 其他安全注意事项

（1）作业前应进行现场勘察。

（2）斗臂车绝缘斗在有电工作区域转移时，应缓慢移动，动作要平稳；绝缘斗臂车作业时，发动机不能熄火（电能驱动型除外），以保证液压系统处于工作状态。

（3）耐张绝缘子上应使用耐张绝缘子遮蔽罩或绝缘毯进行绝缘遮蔽，应防止由于绝缘遮蔽用具或个人绝缘防护用具绝缘不良导致短接良好绝缘子。

（4）作业线路下层有低压线路同杆架设时，如妨碍作业，应对作业范围内的相关低压线路采取绝缘遮蔽措施。

（5）在同杆架设线路上工作，与上层线路小于安全距离规定且无法采取安全措施时，不得进行该项工作。

（6）上、下传递工具、材料均应使用绝缘传递绳，严禁抛掷。

（7）作业过程中禁止摘下绝缘防护用具。

十、带电更换柱上开关或隔离开关

（一）主要工器具配备

主要工器具配备见表 8-14。

表 8-14　　　　　　　　　主 要 工 器 具 配 备

序号	工器具名称		规格、型号	数量	备注
1	特种车辆	绝缘斗臂车	10kV	2辆	
2	绝缘防护用具	绝缘手套	10kV	2双	带防护手套
3		绝缘安全帽	10kV	2顶	
4		绝缘服	10kV	2套	
5		绝缘安全带	10kV	2副	
6	绝缘遮蔽用具	导线遮蔽罩	10kV	12个	
7		跳线遮蔽罩	10kV	6个	
8		绝缘挡板	10kV	3套	
9		绝缘隔离挡板	10kV	3套	隔离开关专用
10		绝缘毯	10kV	20块	

序号	工器具名称		规格、型号	数量	备注
11	绝缘工具	绝缘传递绳	12mm	2 根	15m
12		绝缘绳套	14mm	1 套	1.0m×4，吊开关用
13		绝缘锁杆	10kV	1 副	可同时锁定 2 根导线
14		绝缘操作杆	10kV	1 副	拉、合开关用
15		绝缘隔板	10kV	3 个	横向安装在隔离开关的绝缘子上
16	其他	绝缘测试仪	2500V 及以上	1 套	
17		验电器	10kV	1 套	
18		护目镜	—	2 副	

（二）安全措施及注意事项

1. 气象条件

带电作业应在良好天气下进行，风力大于 5 级，或湿度大于 80% 时，不宜带电作业。若遇雷电、雪、雹、雨、雾等不良天气，禁止带电作业。带电作业过程中若遇天气突然变化，有可能危及人身及设备安全时，应立即停止工作，撤离人员，恢复设备正常状况，或采取临时安全措施。

2. 作业环境

作业现场和绝缘斗臂车两侧，应根据作业环境设置安全围栏、警告标志或路障，防止外人进入工作区域；如在车辆繁忙地段应与交通管理部门联系以取得配合。

3. 安全距离及有效绝缘长度

（1）作业中，绝缘斗臂车的有效绝缘长度应不小于 1.0m。绝缘杆的有效绝缘长度应不小于 0.7m。

（2）作业中，人体应保持对地不小于 0.4m、对邻相导线不小于 0.6m 的安全距离，如不能确保该安全距离时，应采用绝缘遮蔽措施，遮蔽用具之间的重叠部分不得小于 150mm。

4. 重合闸

本项目一般无需停用线路重合闸。

5. 关键点

（1）在接触带电导线和换相作业前应得到工作监护人的许可。

（2）作业时，严禁人体同时接触两个不同的电位体；绝缘斗内双人工作时禁止两人接触不同的电位体。

（3）本项目柱上隔离开关桩头对地距离不满足要求，须进行绝缘遮蔽或加装绝缘隔离挡板。

（4）吊装、放下柱上隔离开关、柱上负荷开关应平稳。

6. 其他安全注意事项

（1）作业前应进行现场勘察。

（2）斗臂车绝缘斗在有电工作区域转移时，应缓慢移动，动作要平稳；绝缘斗臂车作业时，发动机不能熄火（电能驱动型除外），以保证液压系统处于工作状态。

（3）作业线路下层有低压线路同杆架设时，如妨碍作业，应对作业范围内的相关低压线路采取绝缘遮蔽措施。

（4）验电发现隔离开关安装支架带电，禁止继续实施本项作业。

（5）如隔离开关支柱绝缘子机械损伤，拆引线时应用绝缘锁杆妥善固定，并应采取防高空落物的措施。

（6）在拆除有配网自动化的柱上负荷开关时，需将操动机构转至"OFF"位置，待更换完成后再行恢复"AUTO"位置。

（7）在同杆架设线路上工作，与上层线路小于安全距离规定且无法采取安全措施时，不得进行该项工作。

（8）上、下传递工具、材料均应使用绝缘传递绳，严禁抛掷。

（9）作业过程中禁止摘下绝缘防护用具。

（10）应查验柱上负荷开关的试验报告，并进行绝缘检测和试操作检查。

第九章

配网不停电作业新技术

　　我国带电作业技术经过六十多年的发展，已广泛应用于电力设备的检修工作，成为保证电网安全运行和提高供电可靠性的重要技术手段。2012 年，国家电网有限公司运维检修部首次提出配网检修作业应遵循"能带不停"的原则，从实现用户不停电的角度定义配网检修工作，将"带电作业"的内涵扩展至"不停电作业"。同时，以规范管理和技术创新为抓手，锐意进取、不断前进，走出一条具有中国特色的配网不停电作业发展之路。

　　在技术创新方面，一是研究配网不停电作业关键技术，大力推广旁路作业；二是研究 0.4kV 低压配网不停电作业关键技术，试点并推广低压不停电作业；三是进行西藏、青海等高海拔地区现场试验，实现城市配网不停电作业全覆盖；四是研制新型绝缘杆作业法套装工具，推进县域不停电作业稳步开展；五是研制自动化、智能化、个性化的工器具，如带电作业机器人、绝缘杆自动化剥皮器、小型轻巧绝缘杆工器具等；六是将虚拟现实技术（VR）运用在技能人员培训中，丰富培训手段。

　　随着经济高速发展、线路电缆化率提高、优质服务高要求以及 5G 人工智能的发展，配网不停电作业技术发展趋势将呈现 6 个转变：架空线路类作业向电缆类作业转变、10kV 配网不停电作业向 0.4kV 低压不停电作业扩展、不停电工程类作业向故障应急类作业转变、作业工器具向自动化、智能化、个性化转变、传统类作业向智能化、机械化及个性化作业转变、组织方式由传统方式向市场化、产业化转变。

第一节　低压不停电作业技术

　　配网不停电作业，是以实现用户不中断供电为目的，采用带电作业、旁路作业等多种方式对配网设备进行检修的作业方式，是国际先进企业通行做法。0.4kV 低压不停电作业，则是配网不停电作业中对 0.4kV 低压线路、设备开展的作业。目前，关于 10kV 配网不停电作业制度标准、规程规范已经较为完善，而对于 0.4kV 低压配网不停电作业来说仍是空白，但可以借鉴前者进行发展。

一、不停电作业安全距离

　　不停电作业时的安全距离，是指为了保证作业人员人身安全，作业人员与不同电位的物体之间所应保持各种最小空气间隙距离的总称。具体地说，安全距离包括五种间隙距离：最小安全距离、最小对地安全距离、最小相间安全距离、最小安全作业距离和最小组合间隙。

在不停电作业中，当遇到过电压时可能通过击穿空气间隙对人身或电气设备进行放电、通过绝缘工具（如沿绝缘操作杆、绝缘承力工具和绝缘绳索）表面放电和通过击穿层间绝缘（如绝缘遮蔽用具）对人身或设备进行放电。

不停电作业安全距离的确定，是保证不停电作业人员人身和电气设备安全的关键。防止过电压伤害的根本手段就是在不同电位的物体（包括人体）之间保持足够的安全距离。在规定的安全间隙距离下，不停电作业中即使产生了最高过电压，该间隙可能发生击穿的概率总是低于预先规定的可接受值。确定安全距离的方法有惯用法和统计法两种，配网不停电作业安全距离主要是根据系统最大内过电压（44kV）按绝缘配合惯用法计算与确定。

（一）最小安全距离

最小安全距离，是为了保证人身安全，地电位作业人员与带电体之间应保持的最小距离。在这个安全距离下不停电作业时，在操作过电压下不发生放电，并有足够的安全裕度。《国家电网有限公司电力安全工作规程（配电部分）》中规定：10kV 电压等级不停电作业的最小安全距离不得小于 0.4m（此距离不包括人体活动范围），对于 0.4kV 低压不停电作业，最小安全距离不得小于 0.1m（此距离不包括人体活动范围）。

（二）最小对地安全距离

最小对地安全距离，是为了保证人身安全，带电体上的作业人员（等电位）与周围接地体之间应保持的最小距离。带电体上的（等电位）作业人员对地的最小安全距离等于地电位作业人员对带电体的最小安全距离。《国家电网有限公司电力安全工作规程（配电部分）》中规定：10kV 电压等级的不停电作业的最小对地安全距离不得小于 0.4m，对于 0.4kV 低压不停电作业，最小对地安全距离确定为 0.1m（此距离不包括人体活动范围）。

（三）最小相间安全距离

最小相间安全距离，是为了保证人身安全，带电体上的作业人员（等电位）与邻相带电体之间应保持的最小距离。《国家电网有限公司电力安全工作规程（配电部分）》中规定：10kV 电压等级的不停电作业的最小相间安全距离不得小于 0.6m，对于 0.4kV 低压不停电作业，最小相间安全距离确定为 0.1m（此距离不包括人体活动范围）。

（四）绝缘工具的有效绝缘长度

绝缘工具的有效绝缘长度，是指绝缘工具的全长减掉手握部分及金属部分的长度。对于承力工具，由于其沿面放电电压约等于空气间隙的击穿电压，规定为最小有效绝缘长度等于空气的最小安全距离；对于绝缘操作杆，则另增加 0.3m 以作补偿（操作时人手可能超越手握部分而使有效绝缘长度缩短）。《国家电网有限公司电力安全工作规程（配电部分）》中规定：10kV 电压等级的绝缘操作杆的最小有效绝缘长度为 0.7m，绝缘承力工具和绝缘吊绳的最小有效绝缘长度为 0.4m。对于 0.4kV 低压不停电作业，绝缘操作杆的最小有效绝缘长度为 0.4m，绝缘承力工具和绝缘吊绳的最小有效绝缘长度为 0.1m。

二、绝缘手工工具

绝缘手工工具是除了端部金属插入件以外，全部或主要由绝缘材料制成的手工工具。

（一）工具种类

绝缘手工工具主要包括螺丝刀、扳手、手钳、剥皮钳、电缆剪、刀具、绝缘镊子等。

1. 螺丝刀

螺丝刀刃口的绝缘应与柄的绝缘连在一起，刃口部分的绝缘厚度在距刃口端 30mm 的长度内不应超过 2mm，这一绝缘部分可以是柱形的或锥形的。

螺丝刀工作端允许的非绝缘长度：

（1）槽口螺丝刀最大长度为 15mm；

（2）其他类型的螺丝刀（方形、六角形）最大长度为 18mm。

2. 扳手

操作扳手非绝缘部分为端头的工作面，套筒扳手非绝缘部分为端头的工作面和接触面。如图 9-1 螺丝刀和扳手所示。

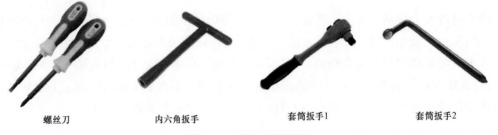

螺丝刀　　　　　　内六角扳手　　　　　套筒扳手1　　　　　套筒扳手2

图 9-1　螺丝刀和扳手

3. 手钳（剥皮钳）

绝缘手柄应有护手以防止手滑向端头未包覆绝缘材料的金属部分，护手应有足够高度以防止工作中手指滑向导电部分。

手钳握手左右，护手高出扁平面 10mm；手钳握手上下，护手高出扁平面 5mm。

护手内侧边缘到没有绝缘层的金属裸露面之间的最小距离为 12mm，护手的绝缘部分应尽可能向前延伸实现对金属裸露面的包覆。对于手柄长度超过 400mm 的工具可以不需要护手。如图 9-2 手钳、剥皮钳所示。

4. 电工刀

绝缘手柄的最小长度为 100mm。为了防止工作时手滑向导体部分，手柄的前端应有护手，护手的最小高度为 5mm。

护手内侧边缘到非绝缘部分的最小距离为 12mm，刀口非绝缘部分的长度不超过 65mm。

如图 9 - 3 绝缘电工刀所示。

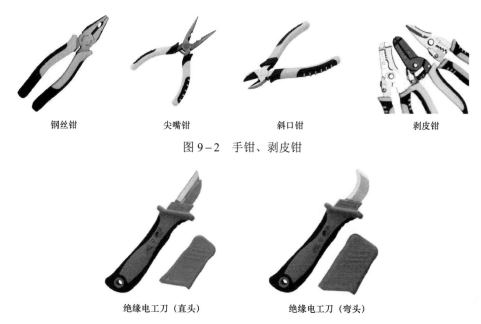

钢丝钳　　　　　尖嘴钳　　　　　斜口钳　　　　　剥皮钳

图 9 - 2　手钳、剥皮钳

绝缘电工刀（直头）　　　　　绝缘电工刀（弯头）

图 9 - 3　绝缘电工刀

5. 镊子

镊子的总长为 130mm～200mm，手柄的长度应不小于 80mm。镊子的两手柄都应有一个护手，护手不能滑动，护手的高度和宽度应足以防止工作时手滑向端头末包覆绝缘的金属部分，最小尺寸为 5mm。

手柄边缘到工作端头的绝缘部分的长度应在 12～35mm 之间。工作端头末绝缘部分的长度应不超过 20mm。全绝缘镊子应没有裸露导体部分。如图 9 - 4 绝缘镊子所示。

图 9 - 4　绝缘镊子

（二）工具的标记、包装和贮存

1. 标记

每件工具或工具构件应标明醒目且耐久的标记，具体要求如下：

（1）在绝缘层或金属部分上标明产地（厂家名称或商标）。

（2）在绝缘层上标明型号、参数、制造日期（至少有年份的后两位数）。

（3）在绝缘层上应有标志符号，标志符号为双三角形。

（4）设计用于超低温度（-40℃）的工具，应标上字母"C"。

2. 包装

工具包装箱上应注明厂名、厂址、商标、产品名称、规格、型号等，包装箱内应附有产品说明书，说明书中包括：类型说明、检查说明，维护、保管、运输、组装和使用说明。

3. 贮存

工具应妥善贮存在干燥、通风，避免阳光直晒，无腐蚀有害物质的位置，并应与热源保持一定的距离。

三、绝缘操作工具

（一）工具种类

绝缘操作工具主要包括绝缘操作棒、放电棒、绝缘夹钳、绝缘绳等。

1. 绝缘操作棒

绝缘操作棒又称绝缘棒、绝缘杆、操作杆。它的主要作用是接通或断开高压隔离开关、跌落保险，安装和拆除携带型接地线以及带电测量和试验工作，如图9-5 绝缘操作棒所示。

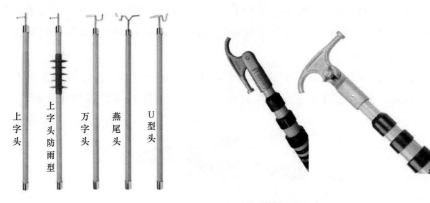

图9-5 绝缘操作棒

绝缘棒的使用方法和注意事项有：

（1）使用绝缘棒时，工作人员应戴绝缘手套和穿绝缘靴，以加强绝缘棒的保护作用。

（2）在下雨、下雪或潮湿天气，在室外使用绝缘棒时，应装有防雨的伞形罩，以使伞下部分的绝缘棒保持干燥。

（3）使用绝缘棒时要注意防止碰撞，以免损坏表面的绝缘层。

（4）绝缘棒应存放在干燥的地方，以防止受潮，一般应放在特制的架子上或垂直悬挂在专用挂架上，以防弯曲变形。

（5）绝缘棒不得直接与墙或地面接触，以防碰伤其绝缘层。

（6）绝缘棒应定期进行绝缘试验，一般每年试验一次。

2. 放电棒

放电棒便于在室外各项高电压试验、电容元件中使用，在其断电后，对其积累的电荷进行对地放电，从而确保人身安全。

伸缩型高压放电棒具有便于携带方便、灵活、体积小、重量轻等特点。如图 9-6 放电棒所示。

图 9-6　放电棒

放电棒的使用方法和注意事项有：

（1）把配制好的接地线插头插入放电棒的头端部位的插孔内，将地线的另一端与大地连接，接地要可靠。

（2）放电时应在试验完毕或元件断电后，方可放电。

（3）放电时应先用放电棒前端的金属尖头，慢慢的去靠近已断开试品或元件。然后再用放电棒上接地线上的钩子去钩住试品，进行第二次直接对地放电。

（4）电容积累电荷的大小与电容的大小、施加电压的高低和时间的长短成正比。

（5）严禁在试验电源未拉开的情况下用放电棒对试品进行放电。

（6）严禁放电棒受潮，影响绝缘强度，应放在干燥的地方。

（7）放电棒应定期进行绝缘试验，一般每年试验一次。

3. 绝缘夹钳

绝缘夹钳是用来安装和拆卸高、低压熔断器或执行其他类似工作的工具。如图 9-7 绝缘夹钳所示。

图 9-7　绝缘夹钳

绝缘夹钳的使用方法和注意事项有：

（1）绝缘夹钳不允许装接地线，以免操作时接地线在空中游荡造成接地、短路或触电事故。

（2）在潮湿天气只能使用专用的防雨型绝缘夹钳。

（3）绝缘夹钳要保存在特制的箱子里，以防受潮。

（4）工作时，应带面屏、绝缘手套和穿绝缘鞋或站在绝缘台（垫）上，手握绝缘夹钳要保持平衡。

（5）绝缘夹钳要定期试验，试验周期为一年。

4. 绝缘绳

绝缘绳索是广泛应用于不停电作业的绝缘材料之一，可用作运载工具、攀登工具、吊拉绳、连接套及保安绳等。目前不停电作业常用的绝缘绳主要有蚕丝绳、锦纶绳等，其中以蚕丝绳应用得最为普遍。

软质绝缘工具主要指以绝缘绳为主绝缘材料制成的工具，包括吊运工具、承力工具等，具有灵活、简便、便于携带、适于现场作业等特点。常见的有人身绝缘保险绳、导线绝缘保险绳、绝缘测距绳、绝缘绳套等。如图9-8绝缘绳所示。

绝缘绳　　　　　　　　绝缘绳套

图9-8　绝缘绳

在使用常规绝缘绳时，应特别注意避免受潮。除了普通的绝缘绳索，还有防潮型绝缘绳索，在环境湿度较大情况下进行不停电作业，必须使用防潮型绝缘绳。

（二）工具的检查和定期检测

1. 使用前的检查

为了确保工具的电气和机械特性完整，在每次使用工具之前，应进行仔细的检查，重点检查项目如下：

（1）工具在经储存和运输之后应无损伤（例如：工具的绝缘表面应无孔洞、撞伤、擦伤和裂缝等）。

（2）工具应是洁净的。

（3）工具的可拆卸部件或各组件经装配后应是完整的。

（4）工具应能正常操作使用（例如：工具应转动灵活无卡阻，锁位功能正确等）。

2. 定期检测

（1）检查和测试一般包括目视检查、电气和机械性能试验。

（2）用于低压（低于1kV有效值）的不停电作业工具，一般不需做定期电气试验来鉴定其绝缘性能（除非有特殊要求），这是因为其绝缘水平在设计上已有足够的裕度，而且通过目视检查已足以看出其性能如何。

四、个人绝缘防护用具

（一）防护用具种类

绝缘防护用具有绝缘安全帽、绝缘衣、绝缘裤、绝缘袖套、绝缘手套、防刺穿手套、绝缘鞋（靴）、绝缘垫等，见图9-9。当作业人员穿戴或使用绝缘防护用具时，可以有效防止触电等人身伤害。

绝缘安全帽　　　　绝缘衣　　　　　绝缘裤　　　　安全袖套

绝缘手套　　　防刺穿手套　　　绝缘鞋　　　绝缘靴

图 9-9　个人绝缘防护用具

（1）绝缘安全帽：用高强度塑料或玻璃钢等材料制成，具有较轻的质量、较好的抗机械冲击特性、一定的电气性能，并有阻燃特性。

（2）绝缘衣、绝缘裤：用合成橡胶或天然橡胶制成，质地柔软、防护外层机械强度适中，穿着舒适。在作业过程中，主要防止作业人员意外碰触带电体。

（3）绝缘袖套：用合成橡胶或天然橡胶制成。在作业过程中，主要起到对作业人员手臂的触电安全防护。

（4）绝缘手套：用合成橡胶或天然橡胶制成，其形状为分指式。绝缘手套被认为是保证配网不停电作业安全的最后一道保障，在作业过程中必须使用绝缘手套。

（5）防刺穿手套：防机械刺穿手套应能防止机械磨损、化学腐蚀，抗机械刺穿并具有一定的抗氧化能力和阻燃特性。使用时在绝缘手套外部，用来防止绝缘手套受到外力刺穿、划伤等机械损伤。

（6）绝缘鞋（靴）：常见的绝缘鞋鞋面材料有布面、皮面和胶面。绝缘鞋（靴）可作为与地保持绝缘的辅助安全用具，是防护跨步电压的基本安全用具。应特别注意的是绝缘鞋（靴）的使用期限应以大底磨光为限，即当大底露出黄色面胶（绝缘层）。

（7）绝缘垫：由特种橡胶制成，具有良好的绝缘性能，用于加强工作人员对地的绝缘，避免或减轻发生接触电压与跨步电压对人体的伤害。

（二）预防性试验要求（见表9-1）

表 9-1　　　　　　　　个人绝缘防护用具预防性试验要求

序号	名称	使用电压	试验要求	试验周期
1	绝缘衣	0.4kV	5kV/1min	半年
2	绝缘裤	0.4kV	5kV/1min	半年
3	绝缘袖套	0.4kV	5kV/1min	半年

序号	名称	使用电压	试验要求	试验周期
4	绝缘手套	0.4kV	5kV/1min	半年
5	绝缘鞋	0.4kV	5kV/1min	半年
6	绝缘靴	3kV	10kV/1min	半年
7	绝缘垫	0.4kV	5kV/1min	半年

五、个人电弧防护用具

（一）防护用具种类

电弧防护用具主要有防电弧服、防电弧手套、防电弧鞋罩、防电弧头罩、防电弧面屏、护目镜等，见图 9-10。在作业中遇到电弧或高温时，对人员起到重要的防护作用。

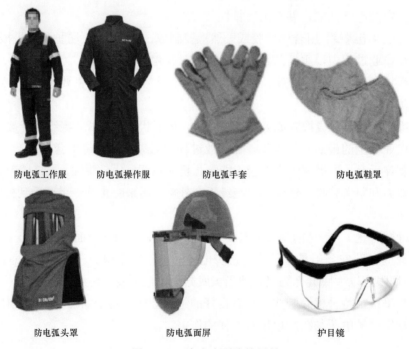

防电弧工作服　　　防电弧操作服　　　防电弧手套　　　防电弧鞋罩

防电弧头罩　　　　防电弧面屏　　　　护目镜

图 9-10　个人电弧防护用具

（1）防电弧服：在意外接触到电弧火焰或炙热时，内部的高强低延伸防弹纤维会自动迅速膨胀，从而使面料变厚且密度变高，防止被点燃并有效隔绝电弧热伤害，形成对人体保护性的屏障。

（2）防电弧手套：防止在意外接触电弧或高温引起的事故，能对手部起到保护作用。

（3）防电弧鞋罩：防止在意外接触电弧或高温引起的事故，能对脚部起到保护作用。

（4）防电弧头罩、防电弧面屏：防止电弧飞溅、弧光和辐射光线对头部和颈部损伤的防护工具。

（5）护目镜：作业时能对眼睛起到一定防护作用。

（二）选择和配置

1. 停电检修、线路和设备巡视、检测

（1）室内 0.4kV 设备与线路的停电检修工作，电弧能量不大于 5.7cal/cm²，须穿戴防电弧能力不小于 5.8cal/cm² 的分体式防电弧服装。

（2）户外 0.4kV 架空线路的停电检修工作，电弧能量不大于 1.13cal/cm²，须穿戴防电弧能力不小于 1.4cal/cm² 的分体式防电弧服装。

（3）室内巡视、检测和直接在户内配电柜内的测量工作，电弧能量不大于 18.47cal/cm²，须穿戴防电弧能力不小于 21cal/cm² 的连体式防电弧服装，戴防电弧面屏和防电弧手套。

（4）室外巡视、检测和在低压架空线路上的测量工作，电弧能量不大于 3.45cal/cm²，须穿戴防电弧能力不小于 4.1cal/cm² 的分体式防电弧服装，戴护目镜和相应防护等级的防电弧手套。

2. 倒闸操作

在 0.4kV 配电柜内倒闸操作，电弧能量不大于 21.36cal/cm²，须穿戴防电弧能力不小于 25.6cal/cm² 的连体式防电弧服装，穿戴相应防护等级的防电弧头罩和防电弧手套、鞋罩。

3. 不停电作业

（1）0.4kV 架空线路采用绝缘杆作业法进行不停电作业，电弧能量不大于 1.13cal/cm²，须穿戴防电弧能力不小于 1.4cal/cm² 的分体式防电弧服装，戴护目镜和相应防护等级的防电弧手套。

（2）0.4kV 架空线路采用绝缘手套作业法进行不停电作业，电弧能量不大于 5.63cal/cm²，须穿戴防电弧能力不小于 6.8cal/cm² 的分体式防电弧服装，戴相应防护等级的防电弧面屏和防电弧手套。

（3）0.4kV 配电柜内进行不停电作业，电弧能量不大于 21.36cal/cm²，须穿戴防电弧能力不小于 25.6cal/cm² 的连体式防电弧服装，穿戴相应防护等级的防电弧头罩和防电弧手套、鞋罩。

4. 邻近或交叉 0.4kV 线路工作

邻近或交叉 0.4kV 线路的维护工作，电弧能量均不大于 0.55cal/cm²，须穿戴防护能力不小于 0.7cal/cm² 的分体式防电弧服装。

（三）使用、维护和报废

1. 使用

（1）个人电弧防护用具应根据使用环境合理选择和配置。

（2）使用前，检查个人电弧防护用具应无损坏、沾污。检查应包括防电弧服各层面料及里料、拉链、门襟、缝线、扣子等主料及附件。

（3）使用时，应扣好防电弧服纽扣、袖口、袋口、拉链，袖口应贴紧手腕部分，没有防护效果的内层衣物不准露在外面。分体式防护服必须衣、裤成套穿着使用，且衣、裤必须有重叠面，重叠面不少于 15cm。

（4）使用后，应及时对个人电弧防护用具进行清洁、晾干，避免沾染油及其他易燃液体，并检查外表是否良好。

2. 维护

（1）个人电弧防护用具应实行统一严格管理。

（2）个人电弧防护用具应存放在清洁、干燥、无油污和通风的环境，避免阳光直射。

（3）个人电弧防护用具不准与腐蚀性物品、油品或其他易燃物品共同存放，避免接触酸、碱等化学腐蚀品，以防止腐蚀损坏或被易燃液体渗透而失去阻燃及防电弧性能。

（4）修补防电弧服时只能用与生产服装相同的材料（线、织物、面料），不能使用其他材料。出现线缝受损，应用阻燃线及时修补。较大的破损修补建议由专业技术人员执行。

（5）电弧防护服、防护头罩（不含面屏）、防护手套和鞋罩清洗时应用中性洗涤剂，不得使用肥皂、肥皂粉、漂白粉（剂）洗涤去污，不得使用柔软剂。

（6）面屏表面清洗时避免采用硬质刷子或粗糙物体摩擦。

（7）防电弧服装应与其他服装分开清洗，宜采用热烘干方式干燥，晾干时避免日光直射、暴晒。

3. 报废

符合以下其中一项即作报废处理：

（1）损坏并无法修补的个人电弧防护用具应报废。

（2）个人电弧防护用具一旦暴露在电弧能量之后应报废。

六、绝缘遮蔽用具

在低压配网不停电作业时，可能引起相间或相对地短路时，需对带电导线或地电位的杆塔构件进行绝缘遮蔽或绝缘隔离，形成一个连续扩展的保护区域。绝缘遮蔽用具可起到主绝缘保护的作用，作业人员可以碰触绝缘遮蔽用具。

绝缘遮蔽用具包括各类硬质和软质绝缘遮蔽罩。硬质绝缘遮蔽罩一般采用环氧树脂、塑料、橡胶及聚合物等绝缘材料制成。在同一遮蔽组合绝缘系统中，各个硬质绝缘遮蔽罩相互连接的端部具有通用性。软质遮蔽罩一般采用橡胶类、软质塑料类、PVC 等绝缘材料制成。根据遮蔽对象的不同，在结构上可以做成硬壳型、软型或变形型，也可以为定型的或平展型的。

（一）常见种类

（1）导线遮蔽罩：用于对裸导体进行绝缘遮蔽的套管式护罩，带接头或不带接头。有直管式、下边缘延裙式、自锁式等类型，见图 9-11。

（2）跳线遮蔽罩：用于对开关设备的上下引线、耐张装置的跳线等进行绝缘遮蔽的护罩，见图 9-12。

（3）导线末端套管：用于对各类不同截面导线的端部进行绝缘遮蔽，见图 9-13。

（4）绝缘子遮蔽罩：用于对低压架空线路的直线杆绝缘子进行绝缘遮蔽，见图 9-14。

（5）熔断器遮蔽罩：用于对低压配电柜内的熔断器进行绝缘遮蔽的护罩，见图 9-15。

（6）低压绝缘毯：用于对低压线路装置上带电或不带电部件进行绝缘包缠遮蔽，见图9-16。

（7）绝缘隔板（又称绝缘挡板）：用于隔离带电部件、限制不停电作业人员活动范围的硬质绝缘平板护罩，见图9-17。

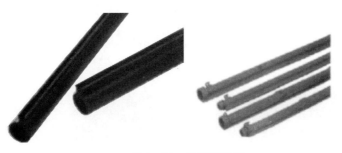

图9-11　导线遮蔽罩

图9-12　跳线遮蔽罩

图9-13　导线末端套管

图9-14　绝缘子遮蔽罩

图 9-15　熔断器遮蔽罩

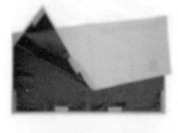

图 9-16　低压绝缘毯和毯夹

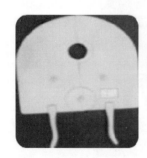

图 9-17　绝缘隔板

（二）预防性试验要求（见表 9-2）

表 9-2　　　　　　　　　　　　绝缘遮蔽用具预防性试验要求

序号	名称	最高使用电压 （V）	试验要求 （kV/min）	试验周期
1	导线遮蔽罩	7000	5	半年
2	跳线遮蔽管	7000	5	半年
3	绝缘子遮蔽罩	600	5	半年

序号	名称	最高使用电压 （V）	试验要求 （kV/min）	试验周期
4	熔断器遮蔽罩	600	5	半年
5	低压绝缘毯	600	5	半年

第二节　综合不停电作业技术

综合不停电作业技术是指在旁路电缆等设备的支持下，在保持正常供电的基础上，对配网设备设施及线路进行检修的作业。相比传统检修方式，该作业法不会对供电造成影响，可满足配网各项实际需求，对保证配网运行可靠性与安全性有重要作用，而且还能提高企业的经济效益与社会效益，是目前各电力企业逐步推广实施的新型配网不停电作业项目。配网检修中综合不停电作业技术的应用方法主要包括旁路作业法和移动电源作业法。

一、旁路作业的基本方法

旁路作业法是指应用旁路电缆（线路）、旁路开关等临时载流的旁路设备，将需要检修作业的运行设备（如线路、断路器、变压器等）暂由旁路设备替代运行，将需要检修作业的线路或设备隔离后进行停电检修或更换，作业完成后再恢复正常接线方式供电，最后拆除旁路设备，实现整个检修过程对用户不停电的作业。

旁路作业法给常规带电作业注入了新的理念，它是将若干个常规带电作业项目有机综合起来，从而实现"不停电作业"。这样只要将"旁路作业"和常规"带电作业"灵活地组合起来，可以彻底改变以往配网以停电作业为主、带电作业为辅的局面。同时，"旁路作业法"的开展，也弥补了常规"带电作业"项目的一些空白。

旁路作业法常运用于中压配网带负荷迁移线路，该项目属较为复杂、工作量较大的作业项目。具体的方法是将需要迁移的线路段利用柔性电力电缆旁路运行，也可利用新架设的架空线路段旁路运行，而后将该段线路隔离退出运行并进行迁移，最后再将迁移好的线路接入配网并退出柔性电力电缆（或旁路架设线路）旁路，实现对用户的不间断供电。

（一）旁路电缆法

旁路电缆法作业根据现场需要，可采用同芯的常规电力电缆，也可采用单芯的柔性电力电缆。这种方法常用于带电迁移杆线或者更换导线的作业，也可用于架空线改电缆的作业，此时的旁路电缆应按照最终的方案设计和施工，采用常规的电力电缆，无需架设新架空线路作为旁路来替代旧线路。

1. 主要作业步骤

（1）两侧旁路开关的安装和旁路电缆的敷设、试验，核对两侧相位并做标志，布置现场安全措施。

（2）带电搭接旁路开关的引流线。绝缘斗臂车斗内作业人员按照由远至近的顺序安装好线路两侧旁路开关的引线，三相引线分别安装在被迁移线路外侧段的导线上。应注意每安装好一相，就要对引线和导线的连接处恢复绝缘遮蔽，完成旁路设备的安装。

（3）旁路电缆并列运行。核对相位无误后合上两侧旁路开关，用钳形电流表测量引线上的电流，检查通流是否正常。

（4）旁路电缆替代运行。确认负荷已转移到旁路电缆上后，绝缘斗臂车斗内作业人员按照由近至远的顺序分别钳断被迁移线路的引线，钳断时应采取措施防止引线断头搭接到别的带电部件或接地构件上，钳断后应迅速对带电部分进行绝缘遮蔽。至此，需要迁移线路的后段负荷已转移至旁路电缆，待迁移线路已经被隔离不带电。

（5）对待迁移线路进行更换改造。

（6）改造后的新线路并列运行。迁移好的线路两端分别与原带电的线路进行连接，并检测确认连接完好、通流正常。

（7）旁路退出运行。分别断开两侧旁路开关，拆除旁路系统与主导线的连接，收回旁路系统。

2. 注意事项

（1）装设旁路电缆的旁路开关，作为旁路电缆投运操作使用，装设前应确认旁路开关处于断开位置。

（2）旁路电缆与旁路开关连接，注意保持相位一致性连接，务必完成相位核对工作，确认相位正确无误。

（3）旁路电缆投运。先合上旁路电缆一侧的旁路开关，在另一侧进行核相，相位正确后合上另一侧旁路开关，旁路电缆并列运行。

（4）安装旁路系统等地面作业内容，应在满足足够安全距离的条件下进行，否则，应采取绝缘隔离措施或者停电进行作业。

（5）作业步骤应严格按照作业规程和工艺要求执行。

（二）旁路架空线路法

这种方法常用于带电迁杆移线的作业，优点是以先架设迁移后的新线路为旁路，而不需要敷设旁路电缆。

1. 作业步骤

（1）现场实地勘察，制订施工方案，选定绝缘斗臂车停放位置，安排人员分工等。

（2）架设旁路架空线路及安装旁路开关，核对两侧相序并做标志，布置现场安全措施。

（3）带电搭接旁路开关的引流线。绝缘斗臂车斗内作业人员按照由远至近的顺序安装好线路电源侧旁路开关（及线路）的三相引线，三相引线分别安装在被迁移线路外侧段的导线上。应注意每安装好一相，就要对引线和导线的连接处恢复绝缘遮蔽，完成旁路设备的安装。

（4）旁路线路并列运行。核对相位无误后合上旁路开关，用钳形电流表测量三相引流线上的电流，检查通流是否正常，如图9－18（a）所示。

（5）旁路线路替代运行。确认负荷已转移到旁路线路上后，绝缘斗臂车斗内作业人员按照由近至远的顺序分别钳断被迁移线路的引线，钳断时应采取措施防止引线断头搭接到别的带电部件或接地构件上，钳断后应迅速对带电部分进行绝缘遮蔽。至此，需要迁移的线路已转移至新架设线路替代供电，原来线路被隔离已经不带电，如图9－18（b）所示。

（6）拆除原来的旧线路。旁路架空线路法整个作业过程的线路变换如图9－18（c）所示。

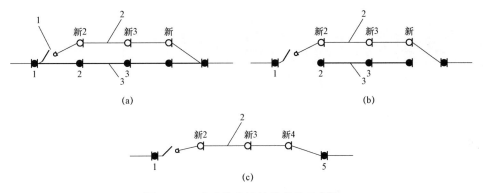

图9－18　旁路作业法接线变换示意图
（a）旁路线路并列运行；（b）旁路线路替代运行；（c）拆除旧线路
1—旁路开关；2—旁路线路（新线路）；3—原有线路（需拆除线路）

2. 注意事项

（1）装设旁路线路的旁路开关。作为旁路线路投运操作使用，装设前应确认旁路开关处于断开位置。

（2）旁路线路与旁路开关连接，注意保持相位一致性连接，务必完成相位核对工作，确认相位正确无误。

（3）旁路电缆投运。相位正确后合上旁路开关，旁路线路并列运行。

（4）安装旁路开关等作业内容，应在满足足够安全距离的条件下进行，否则，应采取绝缘隔离措施或者停电进行作业。

（5）作业步骤应严格按照作业规程和工艺要求执行。

二、移动箱式变压器作业技术

移动箱式变压器又称负荷转移车或车载移动箱变，它是由底盘车、箱式变压器、高压开关柜、低压开关柜、随车电缆等组成，可根据需要方便地移动，如图9－19（a）所示。车体主体采用分段式结构设计，其分为操作控制室、升（降）压变压器室、高低压开关柜室四个功能区域，车厢外侧两边分别安装高、低压柔性电缆的接入装置，如图9－19（b）所示。对中低压配电网而言，移动箱式变压器是实现配网不停电作业的重要装置之一，有着广泛的应用范围。在配网部分设备需停电作业时，通过带电接入移动箱式变压器，保持对作业区域负荷的连续供电。

箱式变压器由高压室（10kV 或 20kV）、低压室（400/230V）和变压器室组成，高低压侧各安装一组带熔断器高压真空负荷开关和低压断路器，接线如图 9-19（c）所示。整套设备带机械、电气联锁，有高压带电指示、变压器温度监测、超温报警与跳闸等装置。箱体内有隔热性能好的隔热板，装有排风扇、百叶窗，整车外箱装有散热门，确保变压器温度符合运行规定。

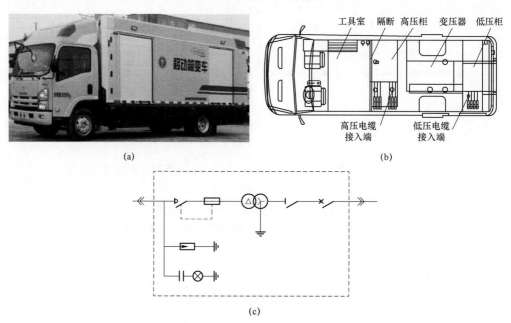

图 9-19 移动箱式变压器
（a）车载式外观图；（b）内部布置图；（c）电气接线图

通过移动箱式变压器和配电变压器并列和解列运行操作，移动箱式变压器替代原配电变压器运行，以实现对配电变压器的不停电检修。变压器并列运行的条件是：

（1）连接组别相同。

（2）变比基本一致，负载率大于 50%时变比应一致，当负载率不大于 50%时变比差异不应超过 5%，即低压输出电压差不得大于 10V。

（3）容量不小于最大负荷。

对于不能满足并列运行的配电变压器，可采用停电搭接和转电切换操作，在箱式变压器和原配电变压器之间进行负荷转移切换，实现对原配电变压器的更换，对低压用户短时停电。

对于满足并列运行的配电变压器，只要将箱式变压器的高低压引出线电缆在带电状态下，分别与原配电变压器的中压和低压进出线连接，便可利用箱式变压器的高压真空负荷开关和低压断路器的倒闸操作，实现箱式变压器与配电变压器的短时并列运行，而后可先后断开待检修配电变压器的低压断路器和高压断路器，将配电变压器退出运行。待工作结束后，采用相反步骤，先后合上配电变压器高压断路器和低压断路器，带电拆除与原配电变压器连接的高低压引出电缆,恢复由原配电变压器正常供电的状态,从而实现配电变压器的检修和更换时用户不停电的目的,原理示意图如图9-20所示,这种方法有时又称不停电更换变压器法。

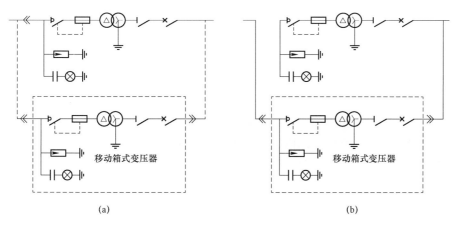

图9-20 移动箱式变压器供电法原理示意图
(a)移动箱式变压器并列运行;(b)移动箱式变压器替代供电

第三节 不停电作业机器人

配网不停电作业工作中,常规采用作业人员直接使用作业工具完成作业任务,如图9-21所示,该种方法存在劳动强度大、效率低、作业对象复杂多变以及作业环境恶劣等问题。随着电子技术和计算机技术的发展,机器人在许多领域得到广泛应用,研究开发以不停电作业机器人为代表的新一代不停电作业装备对配网不停电作业的长远发展有着重要意义,如图9-22所示,该作业机器人能够完成多项不停电作业任务,减轻作业人员劳动强度,作业人员与高压电场隔离从而最大限度保证作业人员的安全。

图9-21 人力作业方式

图9-22 机器人作业方式

一、不停电作业机器人简介

不停电作业机器人是一门边缘交叉学科，它涉及了高电压绝缘、计算机、机械、液压、自动化、传感器和机器人技术，是多领域技术的综合，其发展需相关学科的配合与支持。

（一）系统组成

一个结构完整，功能完善的机器人包括传感器信息采集系统、控制决策系统，信息传输系统、执行机构、动力源和绝缘安全防护系统6大部分。

（1）传感器信息采集系统：由内部传感器和外部传感器组成，完成内部的位置、速度、加速度等信息及外部环境空间位置、距离信息的采集。

（2）控制决策系统：由中央处理器（计算机）和人机交互控制器组成，完成信号的处理和任务规划等。

（3）信号传输系统：由操作员和信号传输装置组成，完成控制信息和内、外部信息的传递。

（4）执行机构：由行走机构、专用工具及机械臂组成，完成具体的作业任务。

（5）动力源：由发电机、液压泵、蓄电池组成，给控制系统和执行机构提供必需的动力。

（6）绝缘安全防护系统：为机器人系统、操作人员和电网设备提供必需的安全措施。

（二）基本结构及特点

1. 基本结构

不停电作业机器人从整体结构上主要有高空控制机器人和地面控制机器人两种形式：

（1）高空控制机器人：操作人员在高空工作斗内，以控制手柄或主手控制器为媒介，对机器人进行高空控制作业的形式，如图9-23（a）所示。这种方式操作人员在高空进行遥控，以绝缘斗为保护装置，直观明了地观察作业进展，减少操作难度，操作效率高，但未能使操作人员完全脱离电离辐射和高空作业的危险。

（2）地面控制机器人：操作人员位于地面控制室，通过高空机器人视觉系统完成遥控的形式，如9-23（b）所示。这种方式操作人员在地面控制室，虽不能直接近距离观察作业对象，影响作业效率，但这种方式下操作人员远离高压设备，避免高空坠落事故发生。

虽然两种机器人作业方式有所差异，但基本结构大体相同，均由以下几部分构成：机器人作业平台（机器人本体、机械臂绝缘子支撑）、工作平台（绝缘斗/地面控制室）、折叠与伸缩绝缘臂、控制装置、底盘卡车等组成。若按其功能来划分又可分为四个模块：主从操作机械臂、升降系统、专业作业工具和绝缘防护系统。

主从操作机械臂是完成不停电作业的核心部件，其主要由机械臂、主手、液压系统、主从控制单元四部分组成。采用光纤通信，有效隔离高压电场对操作人员造成的人身伤害。操作主手与从手机械臂同构，从手通过液压系统完全跟随主手运动并带有力反馈功能，极大提高操作系统意识。

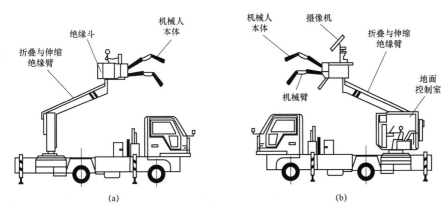

图 9-23　带电作业机器人示意图

(a) 高空控制机器人；(b) 地面控制机器人

机械臂的驱动方式有液压驱动和电动机驱动。

(1) 电动机驱动是不停电作业机器人领域最常用的驱动方式。电动机容易起动，适合精密的操作任务，力矩电动机能够在低速运行或长期独转时产生大的转矩，具有反应速度快、转速波动小、机械特性好、线性度高等优点，适合在小型节能、高精度机器人方面做执行元件。

(2) 液压驱动动力性能好、响应快、传动功率密度大，使系统结构紧凑、质量减轻、可提供较大的功率，实现精确的位置、力度控制等，但是需要一套专门的液压泵站，维护的工作量比较大，难以实现编程的功能，而且成本较高。

2. 主要特点

不停电作业机器人的构成和功能决定了它具有以下特点：

(1) 安全性：不停电作业机器人要有可靠的绝缘安全防护措施，不停电作业时只能对所需更换或检修的部件进行操作，在任何情况下，不能造成相间和接地故障，同时要确保操作人员的人身安全。

(2) 程序性：只要变更操作软件，就能变更判断基准，改变动作顺序。例如：进行绝缘子更换时，可根据绝缘子的形状（柱式绝缘子、悬式耐张绝缘子等）自动变更作业策略，以提高作业的实用性。

(3) 适应性：根据环境和作业目标的情况，能进行作业质和量的调整。如进行带电修补导线时，能根据电压等级、电流大小、绝缘导线或裸导线等因素，按相关标准规定进行修补，提高作业的适应性。

(4) 通用性：不停电作业机器人机械臂末端执行器要有统一的机械和动力接口，只要改变专用工具，即可另作不同用途。如携带断线工具可以断线，携带绝缘导线剥皮器即可剥除导线绝缘皮。

不停电作业机器人实现了不停电作业的自动指挥与控制，能按照存储在其内部的信息或根据外部环境提供的一些引导信息，规划出相应的作业策略，完成指定的不停电作业工作。

二、中国不停电作业机器人

随着国外掀起的带电机器人研究热潮，中国供电企业也认识到应用不停电作业机器人的重要性，但是受限于国外机器人成本较高且配网电压等级有所差异，因此，立足于本国实际情况，研发适合本国实际的不停电作业机器人非常必要。国内不停电作业机器人受限于诸多因素，研究起步相对较晚，自20世纪90年代末才开始，短短的十几年，经历了三个阶段的研究工作：

第一阶段采用两台MOTOMAN机械臂进行不停电作业，操作人员通过键盘简单地控制机械臂的运动，由于当时技术的限制和控制系统不对外开放等原因，不能实现自主控制，局限性较大。

第二阶段采用主从控制方式，采用自主研制的电动机驱动机械臂，操作人员通过两种方式对机械臂进行控制，一种是主手操纵杆，另一种是键盘或手持终端，能够实现两种控制方式。当机械臂与目标物体距离较远时，能够对机械臂实现主从控制，在近距离情况下实现自动控制。然而受自重限制，并不符合绝缘斗臂车所具有的硬件要求。

第三阶段采用液压驱动方式，由国家电网有限公司长治供电公司与山东鲁能技术有限公司合作研发，具有多级绝缘防护措施，该机器人真正实现了把操作人员从高空、高压、强电磁场的恶劣环境中解放出来，最大限度地保证了作业人员的安全。目前这台机器人正式上岗使用，能完成相关不停电作业项目，如断线、接线、更换绝缘子等，如图9-24所示。武汉奋进电力有限公司开发了履带式不停电作业机器人，如图9-25所示，这标志着中国不停电作业机器人已经达到一定的实用程度，但因其机械臂无安装力反馈系统，造成操作主手无法感知从手力度，不能完成较精细复杂的作业任务，给作业内容和作业效率带来很大的局限。

不停电作业机器人剥皮操作

不停电作业机器人绝缘遮蔽

不停电作业机器人接引流线

不停电作业机器人更换绝缘子

图9-24 中国第三代机器人

图 9-25　履带式不停电作业机器人

2012 年，中国国家"十二五"高新技术发展规划（"863 计划"），先进制造技术领域"公共安全与救援机器人"重点项目课题，对"面向电力带电抢修作业机器人研究开发与应用"进行了立项研究，相信不久将来中国不停电作业机器人必将走向大规模实用化道路。

三、国外不停电作业机器人

20 世纪 80 年代开始，许多国家先后开展了不停电作业机器人的研究，如美国、加拿大、韩国、西班牙、法国等。

美国电力研究院在 1985 年开始了 TOMCAT 的研究，其第一代产品采用操作人员在地面遥控的方式，单机械臂的主从控制机器人，仅装有液压驱动的机械臂，机械性能较差。目前美国最新一代的 TOMCAT 在绝缘防护水平上有所突破，支持在极端恶劣的天气下进行不停电作业。

加拿大 Hydro-Quebec 研究院也在 20 世纪 80 年底按中期开展了高空不停电作业机器人的研究。该作业机器人机械臂也是液压驱动的，作业形式与日本的第一代产品很相似，操作人员在安装于升降机构末端的绝缘斗内进行遥控操作，该机器人的绝缘等级达到 25kV。

20 世纪 90 年代，法国也曾开始了 2 个不停电作业机器人项目的研究。一个是在 20 世纪 90 年代由法国电力公司（EDF）支持进行的，但受限于技术难题和科研经费有限，最终中途搁置，直到 90 年代末期，受到日本安川电机与九州电力株式会社的支持，欧洲综合电机制造厂家 Thomson-CSF 着手开展研究，并顺利完成了机器人样机，但实用化仍然停滞不前。

西班牙在参照日本第二代不停电作业机器人的基础上，于 1994 年完成各项研发，并完成本国 69kV 及以下的不停电作业，该机器人安装两个 6 自由度机械臂，并配备有 3 自由度的辅助臂。

总之，随着人类科技和经济的发展，不停电作业机器人作为新一代的作业工具将得到越来越广泛的应用，同时，我国现阶段不停电作业机器人尚没有相应的技术标准，还需研究制定一系列相应的技术标准，以促进我国不停电作业机器人的健康发展。

第四节　虚拟现实技术（VR）

一、虚拟现实技术简介

虚拟现实技术（Virtual Reality，缩写为 VR），又称为灵境技术，顾名思义，虚拟现实就是虚拟和现实相互结合，是利用计算机生成一个逼真的具有视、听、触等多种感知的虚拟环境，通过多种传感设备可以让用户同虚拟环境的实体相互作用，使之产生身临其境的交互式视景仿真和信息交流，让用户沉浸在虚拟世界中。因为这个环境是通过计算机技术模拟出来的现实中的世界，故称为虚拟现实。虚拟现实技术是仿真技术的一个重要方向，是仿真技术与计算机图形学、人机接口技术、多媒体技术、传感技术、网络技术等多种技术的集合，是一门富有挑战性的交叉技术前沿学科和研究领域。

因为虚拟现实技术所具有的逼真的仿真功能，真正实现了人机交互，使人在操作过程中，可以随意操作并且得到环境最真实的反馈，使得它在各种行业当中都有着广泛的应用前景。如电力培训可以通过建立虚拟的演练环境，让受训人员大胆的在虚拟环境中尝试各种演练方案，这样就可以在确保受训人员在人身安全万无一失的情况下，卸掉事故隐患的包袱，尽可能极端的进行演练，从而大幅的提高自身的技能水平，确保在今后实际操作中的人身安全。

二、国内虚拟现实技术发展现状

我国虚拟现实技术研究起步较晚，但现在已引起国家有关部门和科学家们的高度重视，并根据我国国情制定了开展 VR 技术的研究计划。在 1990 年，我国将虚拟现实技术正式列入国家"863"计划，九五规划、国家自然科学基金委、国家高技术研究发展计划等都把 VR 列入了研究项目。近年来，虚拟现实技术在我国取得了长足的进步，一些重要的成果已推向市场。

北京科技大学虚拟现实实验室成功开发出了纯交互式汽车模拟驾驶培训系统。由于开发出的三维图形非常逼真，虚拟环境与真实的驾驶环境几乎没有什么差别，因此投入使用后效果良好。到目前为止，已经有 150 余人通过这个系统的学习取得驾驶照，路考通过率达到 98%以上。

浙江大学 CAD&CG 国家重点实验室开发出了一套桌面型虚拟建筑环境实时漫游系统，还研制出了在虚拟环境中一种新的快速漫游算法和一种递进网格的快速生成算法；哈尔滨工业大学已经成功地虚拟出了人的高级行为中特定人脸图像的合成、表情的合成和唇动的合成等技术问题；清华大学计算机科学和技术系对虚拟现实和临场感的方面进行了研究；西安交通大学信息工程研究所对虚拟现实中的关键技术——立体显示技术进行了研究，提出了一种基于 JPEG 标准压缩编码新方案，获得了较高的压缩比、信噪比以及解压速度；北方工业大学 CAD 研究中心是我国最早开展计算机动画研究的单位之一，中国第一部完全用计算机动画技术制作的科教片《相似》就出自该中心。

三、国外虚拟现实技术发展现状

美国作为虚拟现实技术的发源地，其发展水平基本上就代表国际 VR 发展的水平。目前美国在该领域的基础研究主要集中在感知、用户界面、后台软件和硬件四个方面。

美国宇航局（NASA）的 Ames 实验室研究主要集中在以下方面：将数据手套工程化使其成为可用性较高的产品、在约翰逊空间中心完成空间站操纵的实时仿真、大量运用了面向座舱的飞行模拟技术、对哈勃太空望远镜的仿真，现在正致力于一个叫"虚拟行星探索"（vPE）的试验计划，现在 NASA 已经建立了航空、卫星维护 VR 训练系统；北卡罗来纳大学（UNC）的计算机系是进行 VR 研究最早的大学，他们主要研究分子建模、航空驾驶、外科手术仿真、建筑仿真等；Loma lAnda 大学医学中心的 David Warner 博士和他的研究小组成功地将计算机图形及 VR 的设备用于探讨与神经疾病相关的问题，首创了 VR 儿科治疗法；麻省理工学院（MIT）是研究人工智能、机器人和计算机图形学及动画的先锋，这些技术都是 VR 技术的基础，1985 年 MIT 成立了媒体实验室，进行虚拟环境的正规研究；华盛顿大学华盛顿技术中心的人机界面技术实验室（lilT lab），将 VR 研究引入了教育、设计、娱乐和制造等领域。

英国的虚拟现实技术在分布并行处理、辅助设备（包括触觉反馈）设计和应用等研究方面发展迅速。英国主要有四个从事 VR 技术研究的中心：Windustries（工业集团公司），是国际 VR 界的著名开发机构，在工业设计和可视化等重要领域占有一席之地；British Aerospace 正利用 VR 技术设计高级战斗机座舱；Dimension International 是桌面 VR 的先驱，该公司生产了一系列的商业 VR 软件包，都命名为 Superscape；Divison LTD 公司在开发 VISION、Pro Vision 和 su－pervision 系统/模块化高速图形引擎中，率先使用了 Tmnsputer 和 i860 技术。

日本主要致力于建立大规模 VR 知识库的研究，在虚拟现实游戏方面的研究也处于领先地位。京都的先进电子通讯研究所（ATR）开发了一套系统，它能用图像处理来识别手势和面部表情，并把它们作为系统输入；富士通实验室有限公司研究虚拟生物与 VR 环境的相互作用，并研究虚拟现实中的手势识别，开发出了一套神经网络姿势识别系统，可以识别姿势和表示词的信号语言；日本奈良尖端技术研究院大学教授千原国宏领导的研究小组于 2004 年开发出一种嗅觉模拟器，只要把虚拟空间的水果拉到鼻尖一闻，装置就会在鼻尖处放出水果的香味，这是虚拟现实技术在嗅觉研究领域的一项突破。

四、虚拟现实技术在培训中的应用

在一些高危行业，例如电力、石油、天然气、轨道交通、航空航天等领域，正式上岗前的培训工作显得异常重要，但传统的培训方式显然不适合高危行业的培训需求。虚拟现实技术的引入使得虚拟培训成为现实，结合动作捕捉高端交互设备及 3D 立体显示技术，为培训者提供一个和真实环境完全一致的虚拟环境，培训者可以在这个具有真实沉浸感与交互性的虚拟环境中，通过人机交互设备和场景里所有物件进行交互，体验实时的物理反馈，进行多种实验操作，从而提高培训效率。

通过虚拟培训，不但可以加速学员对产品知识的掌握、直观学习、提高从业人员的实际操作能力，还大大降低了公司的教学和培训成本，改善培训环境，最主要的是虚拟培训颠覆了原有枯燥死板的教学培训模式，探索出了一条低成本、高效率的培训之路。如电力行业，随着我国电力事业快速发展，员工作业能力和作业水平亟需提高，基于虚拟现实技术，可将虚拟现实技术与配网不停电作业培训需求相结合，充分发挥虚拟现实、体感交互、三维仿真等多种先进技术优势，打造虚拟的演练平台系统。通过对现有培训模式和培训手段进行升级，进一步完善配网不停电作业培训体系，提升电网企业培训水平，不断提高配网作业人员的理论水平和操作技能，推动配网不停电作业的效能提升，图 9-26 为 VR 在配网不停电作业培训中的应用，图 9-27 为电力 VR 培训图。

图 9-26　VR 在配网不停电作业培训中的应用

图 9-27　电力 VR 培训图

附录一

配网不停电作业技术标准体系

一、国家标准

1.《GB/T 6568—2008 带电作业用屏蔽服装》
2.《GB/T 34568—2017 带电作业仿真训练系统》
3.《GB/T 2900.54—2016 电工术语带电作业》
4.《GB 13398—2008 带电作业用空心绝缘管、泡沫填充绝缘管和实心绝缘棒》
5.《GB/T 25724—2010 带电作业工具专用车》
6.《GB/T 19184—2008 交流线路带电作业安全距离计算方法》
7.《GB/T 18858—2008 配电线路带电作业技术导则》
8.《GB/T 18268—2008 交流 1kV、直流 1.5kV 及以下电压等级带电作业用绝缘手工工具》
9.《GB/T 18038—2008 带电作业工具基本技术要求与设计导则》
10.《GB/T 17622—2008 带电作业用绝缘手套》
11.《GB/T 14286—2008 带电作业工具设备术语》
12.《GB/T 13034—2008 带电作业用绝缘绳索》

二、电力行业标准

1.《DL/T 1464—2015 10kV 带电作业用绝缘平台》
2.《DL/T 1124—2009　10kV 带电作业用绝缘服装》
3.《DL/T 976—2017　带电作业工具、装置和设备预防性试验规程》
4.《DL/T 974—2005　带电作业用防机械刺穿手套》
5.《DL/T 974—2018　带电作业用工具库房》
6.《DL/T 972—2005　带电作业工具、装置和设备的质量保证导则》
7.《DL/T 971—2017　带电作业用便携式核相仪》
8.《DL/T 880—2004　带电作业用导线软质遮蔽罩》
9.《DL/T 878—2004　带电作业用便携式接地和接地短路装置》
10.《DL/T 878—2004　带电作业用绝缘工具试验导则》

11.《DL/T 878—2004　带电作业用工具、装置和设备使用的一般要求》

12.《DL/T 876—2004　带电作业绝缘配合导则》

13.《DL/T 854—2017　带电作业用绝缘斗臂车使用导则》

14.《DL/T 778—2001　带电作业用绝缘绳索类工具》

15.《DL/T 778—2014　带电作业用绝缘袖套》

16.《DL/T 698—2007　带电作业用绝缘托瓶架通用技术条件》

17.《DL/T 676—2012　带电作业用绝缘鞋（靴）通用技术条件》

18.《DL/T 463—2006　带电作业用绝缘子卡具》

19.《DL/T 414—2009　带电作业用火花间隙检测装置》

三、国家电网有限公司企业标准

1.《Q/GDW 712—2012　10kV 带电作业用绝缘平台》

2.《Q/GDW 711—2012 10kV 带电作业用绝缘防护用具、遮蔽用具技术导则》

3.《Q/GDW 698—2011　10kV 带电作业用绝缘平台使用导则》

4.《Q/GDW 1811—2013 10kV 带电作业用消弧开关技术条件》

5.《Q/GDW 11372.58—2015 国家电网有限公司技能人员岗位能力培训规范　第 58 部分：配电带电作业》

6.《Q/GDW 11238—2014　配网带电作业用绝缘斗臂车技术规范》

7.《Q/GDW 11232—2014　配电带电作业工具库房车技术规范》

8.《Q/GDW 710—2012　10kV 电缆线路不停电作业技术导则》

9.《Q/GDW 10520—2016　10kV 配网不停电作业规范》

附录二

配网不停电作业人员能力分级及考核评价

一、配网不停电作业人员能力标准

配网不停电作业人员职业胜任能力分为基础能力和专业能力两大类。根据配网不停电作业安全要求、技术标准、重要程度和复杂程度等要素，专业能力又分为普通消缺及拆装附件、装置及设备、转供电三类能力。每一能力种类包含若干个能力项。胜任配网不停电作业关键工作任务的能力标准见附表2-1。

附表2-1 配网不停电作业人员职业胜任能力总表

能力种类		能力项						
		1	2	3	4	5	6	7
基础能力		电力安全规程	紧急救护	配电线路检修技能	配电带电作业技术	工器具使用、保管、维护、试验	常用仪器仪表检查与使用	带电装拆绝缘遮蔽
专业能力	普通消缺及拆装附件	清除异物	修剪树枝	故障指示器、驱鸟器拆装	设备消缺及辅助			
	装置、设备拆装	避雷器更换	绝缘子更换	横担等金具更换	导线及电杆处置作业	开关类设备作业		
	转供电及电源替代	配电线路旁路作业	配电设备转供	临时电源替代供电				
	作业管理	现场勘察	作业危险点分析	工作票办理	作业指导书编制	施工方案编制	作业现场组织	

二、配网不停电作业人员能力等级

根据胜任配网不停电作业工作内容的重要及复杂程度，确定配网不停电作业人员的能力等级，能力等级分为Ⅰ级、Ⅱ级和Ⅲ级，对Ⅰ、Ⅱ、Ⅲ级配网不停电作业人员应具备的知识和技能要求依次递进，高级别涵盖低级别的要求。

（一）能力等级Ⅰ级

适用于配网不停电作业初级作业人员，掌握电力安全工作规程中配电线路相关内容；掌握触电急救与创伤急救的能力；具备配电线路初级工及以上检修作业技能；掌握配网不停电作业技术；了解并熟悉配网不停电作业装备、工器具、常用仪器仪表的使用、维护、保管、试验等相关专业知识和基本技能；掌握带电装拆绝缘遮蔽技能；能完成简单的绝缘杆作业法和绝缘手套作业法项目，主要有普通消缺及拆装附件、带电更换避雷器、带电更换绝缘子、带电断接引流线、带电更换开关设备等项目。

（二）能力等级Ⅱ级

适用于配网不停电作业中级作业人员，具备能力等级Ⅰ级的相关能力；能完成复杂的绝缘杆作业法和绝缘手套作业法项目，主要有带电更换耐张绝缘子串及横担、带负荷更换导线非承力线夹、带电或带负荷改变线路装置、带负荷更换开关设备、带电断或接空载电缆线路与架空线路连接引线等项目；能采用多种负荷转供形式完成综合不停电作业项目，主要有配电线路旁路作业、配电设备转供、临时电源替代供电等项目。

（三）能力等级Ⅲ级

适用于配网不停电作业高级作业人员，具备能力等级Ⅱ级的相关能力；掌握现场勘察的内容，并能根据现场勘察结果填写和办理作业工作票，具备分析作业危险点和编制作业指导书的能力；能独立编制综合不停电作业施工方案，能组织、指挥、协调配网多班组采用多种不停电作业方法完成配网不停电检修。

能力为Ⅰ、Ⅱ和Ⅲ级的配电带电作业人员应具备的知识和技能模块详见附表2-2。

附表2-2　　　　　　Ⅰ、Ⅱ和Ⅲ级配网不停电作业人员应具备的知识和技能

序号	能力种类	能力项	能力模块（知识/技能）	能力等级		
				Ⅰ	Ⅱ	Ⅲ
1	基础能力	电力安全规程	电业安全工作规程（配电部分）	√		
2		紧急救护法	紧急救护的种类和方法	√		
3			触电急救	√		
4		配电线路检修技能	配电线路基本知识	√		
5			配电线路各种杆塔结构型式	√		
6			识读线路杆塔结构和金具安装图	√		
7			配电线路检修施工工艺及标准	√		
8			配电线路检修的基本技能	√		
9		配电线路带电作业技术	带电作业发展概况及特点	√		
10			带电作业安全技术	√		
11			配电线路带电作业方法与原理	√		
12			配电带电作业标注及规程	√		
13			带电作业工器具分类及性能	√		
14			保证带电作业安全的组织措施和技术措施	√		
15			配电带电作业班组日常工作管理	√		

续表

序号	能力种类	能力项	能力模块（知识/技能）	能力等级		
				Ⅰ	Ⅱ	Ⅲ
16	基础能力	工器具使用、保管、试验	带电作业工器具的使用、运输、保管	√		
17			带电作业工器具试验方法及要求	√		
18			绝缘斗臂车的使用、操作、保管	√		
19			绝缘斗臂车试验方法及要求	√		
20			绝缘平台的使用、操作、保管	√		
21			绝缘平台试验方法及要求	√		
22			常用工器具的使用、运输、保管	√		
23			常用工器具试验方法及要求	√		
24		常用仪器仪表检查与使用	万用表的结构、原理及使用	√		
25			绝缘电阻检测仪的结构、原理及使用	√		
26			钳形电流表的结构、原理及使用	√		
27			风速（温湿度）仪的结构、原理及使用	√		
28			核相仪的结构、原理及使用	√		
29			相序表的结构、原理及使用	√		
30		带电装拆绝缘遮蔽	带电装拆绝缘遮蔽	√		
31	普通消缺及拆装附件	清除异物	清除异物（绝缘杆作业法、绝缘手套作业法）	√		
32		修剪树枝	修剪树枝（绝缘杆作业法、绝缘手套作业法）	√		
33		故障指示器、驱鸟器拆装	加装、拆除故障指示器（绝缘杆作业法、绝缘手套法）	√		
34			加装、拆除驱鸟器（绝缘杆作业法、绝缘手套法）	√		
35		设备消缺及辅助	扶正绝缘子（绝缘杆作业法、绝缘手套作业法）	√		
36			拆除退役设备（绝缘杆作业法、绝缘手套作业法）	√		
37			加装、拆除接触设备套管（绝缘杆作业法、绝缘手套作业法）	√		
38			修补导线及调节导线弧垂（绝缘手套作业法）	√		
39			处理绝缘导线异响（绝缘手套作业法）	√		
40			更换拉线（绝缘手套作业法）	√		
41			拆除非承力拉线（绝缘手套作业法）	Ⅰ		
42			加装接地环（绝缘手套作业法）		√	
43	拆装装置及设备	避雷器更换	带电更换避雷器（绝缘杆作业法、绝缘手套作业法）	√		
44		绝缘子更换	带电更换直线杆绝缘子（绝缘杆作业法、绝缘手套作业法）	√		
45			带电更换耐张杆绝缘子串（绝缘手套作业法）	√		
46		横担等金具更换	带电更换直线杆绝缘子及横担（绝缘手套作业法）	√		
47			带电更换直线杆绝缘子及横担（绝缘杆作业法）		√	
48			带电更换耐张绝缘子串及横担（绝缘手套作业法）		√	
49			带负荷更换导线非承力线夹（绝缘手套作业法）		√	

续表

序号	能力种类	能力项	能力模块（知识/技能）	能力等级		
				I	II	III
50	拆装装置及设备	导线及电杆处置作业	带电接引流线（绝缘杆作业法、绝缘手套作业法）	√		
51			带电组立或拆除直线电杆（绝缘手套作业法）		√	
52			带电更换直线电杆（绝缘手套作业法）		√	
53			带电直线杆改终端杆（绝缘手套作业法）		√	
54			带负荷直线杆改耐张杆（绝缘手套作业法）		√	
55			带电断、接空载电缆线路与架空线路连接引线（绝缘杆作业法、绝缘手套作业法）		√	
56		开关类设备作业	带电更换柱上开关或隔离开关（绝缘手套作业法）	√		
57			带负荷更换柱上开关或隔离开关（绝缘手套作业法）		√	
58			带负荷直线杆改耐张杆并加装更换柱上开关或隔离开关（绝缘手套作业法）		√	
59			带电更换熔断器（绝缘杆作业法、绝缘手套作业法）	√		
60			带负荷更换熔断器（绝缘手套作业法）		√	
61	转供及电源替代	线路旁路作业	旁路作业检修架空线路（综合不停电作业法）		√	
62			旁路作业检修电缆线路（综合不停电作业法）		√	
63		配电设备转供	不停电更换变压器（综合不停电作业法）		√	
64			旁路作业检修环网柜（综合不停电作业法）		√	
65			从环网柜（架空线路）等设备临时取电给环网柜、移动箱变供电（综合不停电作业法）		√	
66		临时电源替代供电	0.4kV 应急电源车替代供电（综合不停电作业法）		√	
67			10kV 应急电源车替代供电（综合不停电作业法）		√	
68	作业管理	现场勘察	现场勘察实施			√
69		作业危险点分析	作业危险点分析			√
70		工作票办理	工作票办理			√
71		作业指导书编制	作业指导书编制			√
72		施工方案编制	综合不停电作业施工方案编制			√
73		作业现场组织	多班组综合不停电作业组织、指挥、协调			√

三、配网不停电作业人员能力考核评价

根据配网不停电作业人员专业知识和专业技能评价确定能力等级。配网不停电作业能力考核方法及评价标准应符合附表 2-3 的规定。

Ⅰ级、Ⅱ级和Ⅲ级职业胜任能力评价时，要求掌握的知识、技能模块评价分值均不低于合格分值时，评价结果方为合格。

Ⅰ级、Ⅱ级和Ⅲ级能力评价时，若知识、技能模块中有一个非否决项的评价分值低于合格分值时，允许在考核评价结束日起1年内补考1次，补考后评价结果仍为不合格，应重新参加培训后方可再次参加能力等级评价。

附表 2－3 　　　　　　　配网不停电作业人员能力考核方法及评价标准

序号	能力种类	能力项	模块（知识/技能）	评价时长（min）	评价内容	评价方法	实际操作次数	否决项
1	基本技能	电力安全规程	电力安全工作规程（配电部分）	30	熟练掌握电力安全工作规程（配电部分）的内容	笔试		是
2		紧急救护法	紧急救护的种类和方法	20	了解紧急救护的种类，熟练掌握紧急救护方法	笔试		
3			触电急救	30	掌握触电急救方法，具备触电急救能力	实操		是
4		配电线路检修技能	配电线路基本知识	30	熟练掌握配电线路相关知识	笔试		是
5			配电线路各种杆塔结构型式	30	熟练掌握配电线路各种杆塔名称、用途、结构型式	笔试		是
6			识读线路杆塔结构和金具安装图	30	熟练掌握解读线路杆塔结构和金具安装图的图示图例、标称、结构关系及各部分数据	笔试		是
7			配电线路检修施工工艺及标准	30	熟练掌握配电线路检修施工工艺方法及标准要求	笔试		是
8			配电线路检修的基本技能	30~50	熟练掌握配电线路检修的基本技能	实操		是
9		配电线路带电作业技术	配网不停电作业发展概况及特点	15	了解配网不停电作业发展历史及特点	笔试		
10			带电作业安全技术	30	熟练掌握配电带电作业的安全技术	笔试		是
11			配网不停电作业方法与原理	30~50	熟练掌握配网不停电作业的原理并根据其原理在作业中熟练运用	笔试		是
12			配网不停电作业标准及规程	30	熟练掌握配网不停电作业相关技术与管理标准、规范、规程，了解相关材料、装备、工器具的标准、规范	笔试		是
13			带电作业工器具分类及性能	20	掌握配电带电作业工器具分类及性能	笔试		是
14			保证带电作业安全的组织措施和技术措施	30	熟练掌握保证带电作业安全的组织措施和技术措施并能在作业中熟练应用	笔试		是
15			配电带电作业班组日常工作管理	15	了解配电带电作业班组日常工作管理制度、方法、流程	笔试		
16		工器具使用、保管、试验	带电作业工器具的使用、运输、保管	20	掌握带电作业工器具的使用、运输、保管的相关规定及方法，并熟练进行日常维护及使用前的检查	笔试		是
17			带电作业工器具试验方法及要求	15	了解带电作业工器具试验方法及要求	笔试		
18			绝缘斗臂车的使用、操作、保管	20	掌握绝缘斗臂车的使用、运输、保管的相关规定及要求，并熟练进行日常维护及使用前的检查	笔试 实操		是

序号	能力种类	能力项	模块（知识/技能）	评价时长（min）	评价内容	评价方法	实际操作次数	否决项
19	基本技能	工器具使用、保管、试验	绝缘斗臂车试验方法及要求	15	了解带电作业绝缘斗臂车的试验方法及要求	笔试		
20			绝缘平台的使用、操作、保管	20	掌握绝缘平台的使用、操作、保管的相关规定及要求，并熟练进行日常维护及使用前的检查	笔试实操		是
21			绝缘平台试验方法及要求	15	了解带电作业绝缘斗臂车的试验方法及要求	笔试		
22			常用工器具的使用、运输、保管	20	掌握常用工器具的用途、使用方法，及其运输、保管的相关规定	笔试		是
23			常用工器具试验方法及要求	15	了解常用工器具试验方法及要求	笔试		
24		常用仪器仪表检查与使用	万用表的结构、原理及使用	15	了解万用表的结构、原理，熟练掌握其使用方法	实操		
25			绝缘电阻检测仪的结构、原理及使用	15	了解绝缘电阻检测仪的结构、原理，熟练掌握其使用方法	实操		
26			钳形电流表的结构、原理及使用	15	了解钳形电流表的结构、原理，熟练掌握其使用方法	实操		
27			风速（温、湿度）仪的结构、原理及使用	15	了解风速（温、湿度）仪的结构、原理，熟练掌握其使用方法	实操		
28			核相仪的结构、原理及使用	15	了解核相仪的结构、原理，熟练掌握其使用方法	实操		
29			相序表的结构、原理及使用	15	了解相序表的结构、原理，熟练掌握其使用方法	实操		
30		带电装拆绝缘遮蔽	常用绝缘遮蔽用具进行装拆绝缘遮蔽操作	25	熟练掌握常用绝缘遮蔽用具，进行装拆绝缘遮蔽操作的使用要领	实操		是
31	普通消缺及拆装附件※	清除异物	清除异物（绝缘杆作业法、绝缘手套作业法）	15	了解运用"绝缘杆作业法"和"绝缘手套作业法"进行配电带电作业清除异物的安全注意事项、作业流程及作业方法	笔试		
32		修剪树枝	修剪树枝（绝缘杆作业法、绝缘手套作业法）	15	了解运用"绝缘杆作业法"和"绝缘手套作业法"进行配电带电作业修剪树枝的安全注意事项、作业流程及作业方法	笔试		
33		故障指示器、驱鸟器拆装	加装、拆除故障指示器（绝缘杆作业法、绝缘手套法）	30	熟练掌握运用"绝缘杆作业法"和"绝缘手套作业法"进行配电带电作业故障指示器的安全注意事项、作业流程及作业方法	实操		是
34			加装、拆除驱鸟器（绝缘杆作业法、绝缘手套法）	30	熟练掌握运用"绝缘杆作业法"和"绝缘手套作业法"进行配电带电作业驱鸟器拆装的安全注意事项、作业流程及作业方法	实操		是
35		设备消缺及辅助	扶正绝缘子（绝缘杆作业法、绝缘手套作业法）	40	熟练掌握运用"绝缘杆作业法"或"绝缘手套作业法"进行配电带电作业扶正绝缘子的安全注意事项、作业流程及作业方法	实操		是
36			拆除退役设备（绝缘杆作业法、绝缘手套作业法）	40	了解运用"绝缘杆作业法"或"绝缘手套作业法"进行配电带电作业拆除退役设备的安全注意事项、作业流程及作业方法	实操		

序号	能力种类	能力项	模块（知识/技能）	评价时长（min）	评价内容	评价方法	实际操作次数	否决项
37	普通消缺及拆装附件※	设备消缺及辅助	加装、拆除接触设备套管（绝缘杆作业法、绝缘手套作业法）	40	了解运用"绝缘杆作业法"或"绝缘手套作业法"进行配电带电作业加装、拆除接触设备套管的安全注意事项、作业流程及作业方法	实操		
38			修补导线及调节导线弧垂（绝缘手套作业法）	40	熟练掌握运用"绝缘手套作业法"进行配电带电作业修补导线及调节导线弧垂的安全注意事项、作业流程及作业方法	实操		是
39			处理绝缘导线异响（绝缘手套作业法）	40	了解运用"绝缘手套作业法"进行配电带电作业的安全注意事项、作业流程及作业方法	实操		
40			更换拉线（绝缘手套作业法）	40	熟练掌握运用"绝缘手套作业法"进行配电带电作业更换拉线的安全注意事项、作业流程及作业方法	实操		是
41			拆除非承力拉线（绝缘手套作业法）	40	了解运用或"绝缘手套作业法"进行配电带电作业拆除非承力拉线的安全注意事项、作业流程及作业方法	实操		
42			加装接地环（绝缘手套作业法）	40	熟练掌握运用或"绝缘手套作业法"进行配电带电作业加装接地环的安全注意事项、作业流程及作业方法	实操		是
43	拆装装置及设备	避雷器更换	带电更换避雷器（绝缘杆作业法、绝缘手套作业法）	60	熟练掌握运用"绝缘杆作业法"或"绝缘手套作业法"进行配电带电作业更换避雷器的安全注意事项、作业流程及作业方法	实操		是
44		绝缘子更换	带电更换直线杆绝缘子（绝缘杆作业法、绝缘手套作业法）	60	熟练掌握运用"绝缘杆作业法"或"绝缘手套作业法"进行配电带电作业更换直线杆绝缘子的安全注意事项、作业流程及作业方法	实操		是
45			带电更换耐张杆绝缘子串（绝缘手套作业法）	60	熟练掌握运用"绝缘手套作业法"进行配电带电作业更换耐张杆绝缘子的安全注意事项、作业流程及作业方法	实操		是
46		横担等金具更换	带电更换直线杆绝缘子及横担（绝缘手套作业法）	60	熟练掌握运用"绝缘手套作业法"进行配电带电作业更换直线杆绝缘子及横担的安全注意事项、作业流程及作业方法	实操		是
47			带电更换直线杆绝缘子及横担（绝缘杆作业法）	60	熟练掌握运用"绝缘杆作业法"进行配电带电作业更换直线杆绝缘子及横担的安全注意事项、作业流程及作业方法	实操		是
48			带电更换耐张绝缘子串及横担（绝缘手套作业法）	90	了解运用"绝缘手套作业法"进行配电带电作业更换耐张绝缘子串及横担的安全注意事项、作业流程及作业方法	实操		
49			带负荷更换导线非承力线夹（绝缘手套作业法）	60	熟练掌握运用"绝缘手套作业法"进行配电带负荷作业更换导线非承力线夹的安全注意事项、作业流程及作业方法	实操		是
50		导线及电杆处置作业	带电断、接引流线（绝缘杆作业法、绝缘手套作业法）	60	熟练掌握运用"绝缘杆作业法"或"绝缘手套作业法"进行配电带电作业断、接引流线的安全注意事项、作业流程及作业方法	实操		是
51			带电组立或拆除直线电杆（绝缘手套作业法）	90	熟练掌握运用"绝缘手套作业法"进行配电带电作业组立或拆除直线电杆的安全注意事项、作业流程及作业方法	实操		是

序号	能力种类	能力项	模块（知识/技能）	评价时长（min）	评价内容	评价方法	实际操作次数	否决项
52	拆装装置及设备	导线及电杆处置作业	带电更换直线电杆（绝缘手套作业法）	120	了解运用"绝缘手套作业法"进行配电带电作业更换直线电杆的安全注意事项、作业流程及作业方法	实操		
53			带电直线杆改终端杆（绝缘手套作业法）	120	熟练掌握运用"绝缘手套作业法"进行配电带电作业更换直线杆改终端杆的安全注意事项、作业流程及作业方法	实操		是
54			带负荷直线杆改耐张杆（绝缘手套作业法）	120	熟练掌握运用"绝缘手套作业法"进行配电带负荷作业直线杆改耐张杆的安全注意事项、作业流程及作业方法	实操		是
55			带电断、接空载电缆线路与架空线路连接引线（绝缘杆作业法、绝缘手套作业法）	90	熟练掌握运用"绝缘杆作业法"或"绝缘手套作业法"进行配电带电作业断、接空载电缆线路与架空线路连接引线的安全注意事项、作业流程及作业方法	实操		是
56		开关类设备作业	带电更换柱上开关或隔离开关（绝缘手套作业法）	90	熟练掌握运用"绝缘手套作业法"进行配电带电作业更换柱上开关或隔离开关的安全注意事项、作业流程及作业方法	实操		是
57			带负荷更换柱上开关或隔离开关（绝缘手套作业法）	120	熟练掌握运用"绝缘手套作业法"进行配电带负荷作业更换柱上开关或隔离开关的安全注意事项、作业流程及作业方法	实操		是
58			带负荷直线杆改耐张杆并加装更换柱上开关或隔离开关（绝缘手套作业法）	180	熟练掌握运用"绝缘手套作业法"进行配电带负荷作业直线杆改耐张杆并加装更换柱上开关或隔离开关的安全注意事项、作业流程及作业方法	实操		是
59			带电更换熔断器（绝缘杆作业法、绝缘手套作业法）	60	熟练掌握运用"绝缘杆作业法"或"绝缘手套作业法"进行配电带电作业更换熔断器的安全注意事项、作业流程及作业方法	实操		是
60			带负荷更换熔断器（绝缘手套作业法）	90	熟练掌握运用"绝缘手套作业法"进行配电带负荷作业更换熔断器的安全注意事项、作业流程及作业方法	实操		是
61	转供及电源替代	线路旁路作业	旁路作业检修架空线路（综合不停电作业法）	180	熟练掌握运用"综合不停电作业法"进行旁路作业检修架空线路的安全注意事项、作业流程及作业方法，了解相关配合作业环节的流程及作业方法	实操		是
62			旁路作业检修电缆线路（综合不停电作业法）	180	熟练掌握运用"综合不停电作业法"进行旁路作业检修电缆线路的安全注意事项、作业流程及作业方法，了解相关配合作业环节的流程及作业方法	实操		是
63		配电设备转供	不停电更换变压器（综合不停电作业法）	180	熟练掌握运用"综合不停电作业法"进行不停电更换变压器的安全注意事项、作业流程及作业方法，了解相关配合作业环节的流程及作业方法	实操		是
64			旁路作业检修环网柜（综合不停电作业法）	180	熟练掌握运用"综合不停电作业法"进行旁路作业检修环网柜的安全注意事项、作业流程及作业方法，了解相关配合作业环节的流程及作业方法	实操		是

序号	能力种类	能力项	模块（知识/技能）	评价时长（min）	评价内容	评价方法	实际操作次数	否决项
65	转供及电源替代	临时电源替代供电	从环网柜（架空线路）等设备临时取电给环网柜、移动箱变供电（综合不停电作业法）	120	熟练掌握运用"综合不停电作业法"进行从环网柜（架空线路）等设备临时取电给环网柜、移动箱变供电的安全注意事项、作业流程及作业方法，了解相关配合作业环节的流程及作业方法	实操		是
66			0.4kV 应急电源车替代供电（综合不停电作业法）	120	熟练掌握运用"综合不停电作业法"进行0.4kV 应急电源车替代供电的安全注意事项、作业流程及作业方法，了解相关配合作业环节的流程及作业方法	实操		是
67			10kV 应急电源车替代供电（综合不停电作业法）	120	了解运用"综合不停电作业法"进行10kV 应急电源车替代供电的安全注意事项、作业流程及作业方法，了解相关配合作业环节的流程及作业方法	实操		
68	作业管理	现场勘察	作业现场勘察实施	30	熟练掌握作业现场勘察的内容、要点、注意事项、收集相关技术资料，并形成书面记录	笔试		是
69		作业危险点分析	作业全过程的危险点分析	30	熟练掌握分析作业全过程危险因素的方法，加以归纳，制定相应对策，并形成书面记录	笔试		是
70		工作票办理	工作票办理	30	熟练掌握配电带电作业工作票的相关规定、办理流程、填写内容、危险点及安全措施制定，并能够独立办理配电带电作业工作票	笔试		是
71		作业指导书编制	作业指导书编制	30	熟练掌握配电带电作业项目的组织方法、人材物调配、作业全流程，依据相关规范、规定、标准编制作业指导书	笔试		是
72		施工方案编制	带电作业施工方案编制	30	熟练掌握依据配电带电作业任务，制定针对性的组织措施、技术措施、安全措施及具体实施步骤	笔试		是
73		作业现场组织	多班组综合不停电作业组织、指挥、协调	50	熟练掌握综合不停电作业的工作内容、步骤流程、分工情况，安全保障措施，并能够统筹安排、组织调派作业班组	笔试		是

注：标"※"项目为选考项，根据考试安排随机抽选一项进行考试；其他为必考项。

配网不停电作业实训开展情况

目前，国家电网有限公司拥有山西、浙江、河南、四川、辽宁、陕西电力共计 6 家公司级配网不停电作业实训基地，为配网不停电作业人员的培养提供了坚实的基础。此外，各省公司均在培训中心建设有关实训场所，并开展相应的实操培训项目。

（一）浙江省电力公司培训中心湖州分中心

浙江省电力公司培训中心湖州分中心为国家电网有限公司配网不停电作业实训基地，配网不停电作业专业目前拥有实训室（场）3 处，另有 0.4kV 不停电作业室内实训室待建，如附表 3-1 所示。

附表 3-1   配网不停电作业专业基地建设情况

序号	实训室（场）	主要设备设施及功能	工位数	培训内容
1	室外 10kV 架空线路实训场	多杆型架空线路、杆架式变压器、柱上开关、柱上隔离开关、熔断器等	25	10kV 架空线路不停电作业 20 多个实训项目
2	室外 10kV 电缆不停电作业实训场	10kV 环网柜 6 台、电缆分支箱 4 台、柜内开关等设备	4	10kV 电缆不停电作业 3 个实训项目
3	室外 0.4kV 架空线路实训场	多杆型架空线路、杆架式变压器、接户表箱等	8	0.4kV 架空线路不停电作业 10 多个实训项目

配电综合实训场地是涵盖配电线路运行与检修、配网不停电作业、配电设备、配电电缆、配电自动化的配电专业实训场地，可满足配电专业类培训及职业技能鉴定的需要。实训场地占地 13300m²，其中全天候实训场 3000m²，并建有全视野、无盲点的监控中心。实训设备实施齐全，拥有 35kV 线路 1 条，20kV 线路 1 条，10kV 线路 8 条，配备了具备速断和接地跳闸功能保护系统的 0.4kV/10kV/20kV/35kV 升压电源系统。

10kV 电缆线路不停电作业实训场地有中压环网单元 11 座、中压分支箱 4 台、箱变 1 台，并可进行带电操作。装备水平不断提高，目前拥有绝缘斗臂车 4 辆、移动库房车 1 辆、移动箱变车 1 辆、移动布缆车 1 辆、旁路设备 2 套。

多年以来，湖州分中心的年平均培训期数在 30 期左右，近两年随着生产作业人员需求的明显增大、教科研二/三类项目的开发应用、技能培训装备的扩充，年培训期数和培训项目类别明显增加。目前培训项目类别共 12 个，其中国家电网有限公司培训项目有 6 个，省公司培训项目 6 个。2016 年以来，每年承办中电联、国家电网有限公司、省公司技能竞赛 1

次及以上，承担中电联和国家电网有限公司竞赛集训的组织工作，多名培训师参与教练团队工作。

1. 基地建设优势

（1）10kV、0.4kV 实训基地建设较先进，实训装置符合典型设计要求，架空线路装置实训工位数多，可开展的实训项目种类多。

（2）室外 10kV 架空线路实训场地具备全天候实训功能，不受天气因素、培训时段的限制。

（3）10kV 作业装备及工器具配置较齐全，12 辆的多种作业特种车辆、不停电作业工器具配置在全国基地中具有明显的领先优势。

2. 培训项目特色

（1）培训项目类别齐全。在常规取、复证培训的基础上，增加了各类专项培训；以主要专业技能培训拓展为管理、技术、技能培训，培训项目体系化建设成果显著。

（2）品牌培训项目引领。经过多年的培训积累，不断地改进和规范培训方法，简单项目、复杂项目、电缆项目的取证培训项目涵盖二十多个网省公司，取得良好口碑和声誉，省外培训需求较大。

（3）竞赛集训经验丰富。多次组织实施省公司以上的竞赛集训工作，通过培训师的充分参与，积累了丰富的经验，在近几年的中电联和国家电网有限公司竞赛中均取得了优异成绩。

（4）技能培训有明显特色。技能培训采用严格的标准化、规范化培训流程，紧密联系生产现场，认真执行现场安全制度，培训效果较好。

（二）国网湖南带电作业中心

1. 基本情况

国家电网有限公司输配电带电作业实训基地（国网湖南望新培训分中心）坐落在长沙市星沙经济技术开发区内，始建于 20 世纪 80 年代中期，是湖南省为配套 500kV 岗云线施工、运行、检修而建设的模拟培训场。2006 年改建为长沙电业局线路技能培训基地，基地占地面积达 180 亩。

2007 年，根据国家电网有限公司三年实训基地规划纲要，湖南公司通过论证，确认将原来的望新培训基地改扩建成为带电作业和输电线路为重点的综合性实训基地。2008 年湖南省电力公司成立带电作业管理中心，2009 年，湖南省电力公司成立望新技能实训部，在长沙市星沙经济技术开发区内，投资 3000 多万元，在原线路技能培训基地的基础上扩建成为输配电带电作业实训基地。2009 年 11 月，通过国家电网有限公司的资质认证审查。2012 年，"三集五大"改革过程中，基地更名为湖南省电力公司望新培训分中心，2012 年 11 月，以综合评分第一的成绩通过国家电网有限公司带电作业实训基地复审。2013 年，在望新培训分中心、带电作业管理中心基础上，组建国网湖南带电作业中心，当年 11 月顺利通过 10 千伏电缆不停电作业实训基地遴选。

2. 组织机构与师资

（1）组织机构。国网湖南带电作业中心，下设综合管理部、安全研发部、生产技术部、培训管理部、计划财务部和带电作业工区六个部门，下辖输电线路运检、带电作业、电力电缆三大实训室。培训管理部、生产技术部、带电作业工区负责培训项目的技术保障和实施，安全研发部负责安全保障，培训管理部、综合管理部负责培训项目的管理和质量保障，综合管理部负责后勤保障，计划财务部负责培训项目的经费保障，组织机构健全。

（2）经费保障。基地建成投运以来，湖南公司高度重视实训基地硬件、软件的建设，每年定期通过非生产性大修、技改、零购资金，加大对基地教学设施、实训设备、工器具、后勤设备的投入，使基地的实训场地日趋完善，教学设施配备齐全，环境优美，后勤服务标准化和人性化。

（3）管理人员。培训管理部定编 7 人，其中配电带电作业培训管理专责 2 人。

（4）培训师资。基地拥有专职理论培训师 8 名，专职操作示范培训师 15 名，兼职培训师 65 名，均为大专及以上学历，其中硕士（博士）研究生 20 余名，高级技术职称（职业资格）20 余名，中级技术职称（职业资格）40 余名。师资队伍中有全国带电作业标委会成员、全国输配电技术协作网专家、全国电机工程学会带电作业专委会委员，全国电力行业技术能手、国家电网有限公司生产技能专家、公司发明家、公司岗位能手、公司十佳内训师等人才。

3．场地技术设施

（1）35kV 电压等级实训线段。采用单回路架设，全长约 100m，总计杆塔 5 基，转角杆 1 基，直线杆 2 基，耐张杆 2 基，有玻璃、瓷质和硅橡胶 3 种型式的绝缘子；配备一套 35kV/50kVA 的三相升压系统，采用 380V 进线电源，经断路器、变压器、熔断器、隔离开关至 35kV 线路，具备 35kV 三相同时升压的要求，并有具备速断和接地跳闸功能的保护系统。

（2）10kV 电压等级实训线段。10kV 线段共 4 回，双回路架设 1 条，单回路架设 2 条；导线类型包括绝缘导线与钢芯铝绞线 2 种；每个 10kV 回线均具备两基耐张杆、两基直线杆、一基转角杆、一基电缆杆、一个变压器台杆和一条分支线。配备一套 10kV/100kVA 的三相升压系统，采用 380V 进线电源，经低压开关柜、升压变压器输出 10kV 电源，经户外真空断路器、环网柜接至 3 条 10kV 实训线路上，并有具备速断和接地跳闸功能的保护系统。

（3）10kV 电缆线路实训线段。电缆培训线段有 1 回主线，5 回支线，有 4 台环网柜及 1 台箱变。配备一套 10kV/100kVA 的三相升压系统，采用 380V 进线电源，经低压开关柜、升压变压器输出 10kV 电源，经户外真空断路器、环网柜接至 3 条 10kV 实训线路上，并有具备速断和接地跳闸功能的保护系统。

4．配网不停电作业工器具和库房

（1）工器具库房。配网不停电作业工具库房共 2 间，总面积 81m²。拥有自动温、湿度控制智能系统；所有工器具按照电压等级、类别分区存放；库房设有远程监控系统和工器具管理系统。

（2）绝缘斗臂车车库。绝缘斗臂车库房面积 200m²，拥有自动温、湿度控制智能系统。

（3）绝缘斗臂车。绝缘斗臂车 3 辆。

（4）操作工具。按照核定的实训项目，配网不停电作业工器具配置到位，满足开展实训示范、操作和技能比武等要求。

（5）工器具试验。培训用工器具、安全工器具均按照国家电网有限公司《电力安全工器具预防性试验规程》《带电作业工器具管理制度》的要求进行了机械强度试验和电气强度试验，并在不影响绝缘强度的位置粘贴了合格标签。

（6）常用仪器仪表。配备有绝缘电阻测试仪、绝缘电阻表、万用表、温湿度仪、风速仪、核相仪、钳型电流表、对讲机等常用仪器仪表，数量满足要求。

（7）防护用品。按照标准配备了绝缘安全帽、绝缘服、绝缘披肩、绝缘裤、绝缘靴、绝缘手套等防护用具，数量满足要求。

（8）安全用具。安全用具均配备到位，数量满足要求。

（9）辅助用具。辅助用具均配备到位，数量满足要求。

（10）不停电作业设备。有配网不停电作业用消弧开关 2 台，旁路柔性电缆 3 相共 650m，配备相应的旁路电缆连接器、旁路负荷开关等旁路电缆作业装置，有专用移动箱变 1 套。

5．培训开展情况

基地严格按照《国家电网有限公司带电作业资质培训考核标准（修订稿）》制订培训大纲，并根据《考核标准》的变化，于每年开班前组织专家、内训师等进行调整修编，并将修编完成的《培训大纲》送交省公司运检部、人资部进行审核。在举办培训班的过程中，严格按照《考核标准》《培训大纲》的要求开展培训。

目前，基地能开展一、二类项目 8 项，包括绝缘杆法带电接支接线路引线、带电断支接线路引线，绝缘手套法带电接支接线路引线、带电断支接线路引线、带电更换熔断器、带电更换直线杆绝缘子、带电更换耐张杆绝缘子串、带电更换柱上开关或隔离开关；三、四类项目 5 项，包括绝缘杆法带电更换直线杆绝缘子，绝缘手套法带电更换直线电杆、带电断空载电缆线路与架空线路连接引线带负荷直线杆改耐张杆并加装柱上开关或隔离开关，综合不停电作业法从环网箱（架空线路）等设备临时取电给环网箱（移动箱变）供电。

此外，基地还结合湖南省公司对标准化作业指导卡的要求，对所有项目编写了工序质量卡，并经省公司运检部审核批准。

6．科研开展情况

基地先后攻克多个带电作业技术、项目难题，探索特高压带电作业培训技术，取得突出成效。先后完成 30 多项科研创新活动，50 多项成果在 QC 活动、合理化建议和群众性科技及科研项目评审中获得中电联、湖南省、国家电网有限公司嘉奖，其中包括 15 个省部级科技进步奖，1 个国网青创赛金奖；90 多项成果申请国家专利，申报国际专利 2 项，其中发明专利 23 项，已取得发明专利 6 项；出版教材 3 套，在各种核心刊物上发表专业论文逾 60 篇；完成国家电网有限公司特高压直流输电线路带电作业教学（培训 6 期）和教学示范片制作等任务；完成国家电网有限公司"网络大学"输电运检和配电带电作业专业 60 课时网络课件制作；出版《配电电缆线路不停电作业理论与实操》《全国带电作业资质认证教材—配电线路》《全国带电作业资质认证教材—输电线路》等教材，教材的标准化、系统化和实用性深受学员好评。基地"产、学、研"相互促进的创新体系及新型高效的培训管理体系，为提升带电作业水平、保障公司经济效益、树立良好社会形象做出贡献。其中：

《配电电缆不停电作业实用技术及应用》项目获得国家电网有限公司 2015 年度科技进步

奖二等奖；《配网不停电作业新方法研究、新工具研制及推广应用》项目获 2014 年度中国电力科学技术进步三等奖；《配网电缆不停电作业欧式分支箱插拔方法研究及工具研制》项目获得 2014 年（第六届）全国电力职工技术成果奖二等奖；《配网不停电技术与工器具创新及应用》项目获得 2015 年度湖南省政府科技进步奖二等奖。

参 考 文 献

[1] Q/GDW 10370—2016 配网技术导则.

[2] GB/T 18857—2019 配电线路带电作业技术导则.

[3] Q/GDW 10520—2016 10kV 配网不停电作业规范.

[4] 何仰赞,温增银. 电力系统分析(第四版). 北京:中国电力出版社,2020.

[5] 赵智大. 高电压技术(第二版). 北京:中国电力出版社,2017.

[6] 国网黑龙江省电力有限公司运维检修部. 供电企业现场作业技术问答:配电带电作业. 北京:中国电力出版社,2014.

[7] 国网湖南省电力有限公司. 输配电带电作业典型违章案例分析. 北京:中国电力出版社,2018.

[8] 陈铁. 配电线路带电作业事故案例分析. 北京:中国电力出版社,2018.

[9] 《输配电线路带电作业图解丛书》编委会. 输配电线路带电作业图解丛书 10kV 分册. 北京:中国电力出版社,2014.

[10] 国家电网有限公司人力资源部. 国家电网有限公司生产技能人员职业能力培训专用教材:配电线路带电作业. 北京:中国电力出版,2018.

[11] 北京中电方大科技股份有限公司. 配电现场作业安全手册:配电带电作业. 北京:中国电力出版社,2015.

[12] 杨力. 全国电力职业教育规划教材:配电线路带电作业实训教程(下). 北京:中国电力出版社,2015.

[13] 国网河南省电力公司配电带电作业实训基地. 配电线路带电作业标准化作业指导(第二版). 北京:中国电力出版社,2015.

[14] 国网河南省电力公司配电带电作业实训基地. 10kV 电缆线路不停电作业培训读本. 北京:中国电力出版社,2014.

[15] 国家电网有限公司. Q/GDW11335.57—2015 国家电网有限公司技能人员岗位能力培训规范第 58 部分:配电带电作业. 北京:中国电力出版社,2018.

[16] 国家电网有限公司. 带电作业操作方法 第 2 分册:配电线路. 北京:中国电力出版社,2011.

[17] 陕西省电力公司. 供电企业现场作业安全风险辨识与控制手册 第八册:带电作业专业. 北京:中国电力出版社,2008.

[18] 河南省电力公司. 配电线路带电作业岗位培训题库. 北京:中国电力出版社,2010.

[19] 方向晖. 配电线路带电作业技术问答. 北京:中国电力出版社,2010.

[20] 史兴华,浙江省电力公司配网带电作业培训基地. 配电线路带电作业技术与管理. 北京:中国电力出版社,2010.

[21] 国网河南省电力公司配电带电作业实训基地. 配电线路带电作业知识读本(第二版). 北京:中国电力出版社,2015.

[22] 卢刚. 输配电线路带电作业实操图册. 北京:中国电力出版社,2015.

[23] 山西省电力公司. 输配电线路带电作业. 北京:中国电力出版社,2015.

［24］中国南方电网有限责任公司．10kV 配电线路带电作业指南．北京：中国电力出版社，2015．

［25］李孟东，王月鹏，彭新立．10kV 配电线路带电作业实操技术．北京：中国电力出版社，2012．

［26］中国电力企业联合会．回顾与发展—中国带电作业六十年．北京：中国水利水电出版社，2014．

［27］全国输配电技术协作网．2017 带电作业技术与创新．北京：中国水利水电出版社，2018．

［28］易辉．带电作业技术标准体系及标准解读．北京：中国电力出版社，2008．

［29］李如虎．带电作业问与答．北京：中国电力出版社，2013．

［30］盛其富．浙江省电力公司配网带电作业培训基地．10kV 电缆线路不停电作业操作图解．北京：中国电力出版社，2014．

［31］应伟国．10KV 带电作业典型操作详解．北京：中国电力出版社，2012．

［32］国家电网有限公司．带电作业操作方法 第 1 分册：输电线路．北京：中国电力出版社，2018．

［33］刘宏新．输电线路带电作业培训教材．北京：中国电力出版社，2018．

［34］国家电网有限公司人力资源部．国家电网有限公司生产技能人员职业能力培训专用教材：输电线路带电作业．北京：中国电力出版，2018．

［35］本书编委会．配网不停电作业典型违章 100 条．北京：中国电力出版社，2015．

［36］本书编委会．配网不停电作业典型事故 50 例．北京：中国电力出版社，2015．

［37］杨晓翔．配网不停电作业技术问诊．北京：中国电力出版社，2015．

［38］国网浙江省电力有限公司设备管理部.配网不停电作业方法与案例分析.北京:中国电力出版社,2018.

［39］李卫胜．配网不停电作业紧急避险实训教程．北京：中国水利水电出版社，2018．

［40］国网浙江省电力公司．电网企业一线员工作业一本通：10kV 配网不停电作业．北京：中国电力出版社，2015．

［41］［法］慕佐．配电不停电作业技术（第二版）．北京：中国电力出版社，2018．

［42］国家电网有限公司配网不停电作业（河南）实训基地，陈德俊．10kV 配网不停电作业专项技能提升培训教材．北京：中国电力出版社，2018．

［43］本书编委会．电网员工现场作业安全管控：低压配电线路不停电作业．北京：中国电力出版社，2018．

［44］李天友，林秋金，陈庚煌．配电不停电作业技术（第二版）．北京：中国电力出版社，2018．